身近な雑草たちの奇跡

道ばた、空き地、花壇の隅……
気づけばそこにいる植物の生態

森 昭彦 著

はじめに

そこにひとつ、植物が芽吹けば、その数がわらわらと増え、ほかの生き物も集まってくる。庭仕事をしていると、その様子は手に取るように分かるが、連中がなにをしているのかについて、知るほどに不思議が広がってゆく。

世界に棲《す》む、花を咲かせて種子をつける植物の総数は、最新の推定でおよそ22万種から42万種とされる。日本で見ることができる種族は、このうち4千数百種から7千種ほど。正確にいおうとするほど、この幅が広がってゆくのだから、おかしな話である。さらに、ヒトとモノが目まぐるしく行き来すれば、それに便乗してやってくる植物の数も増えるのだ。

突然その姿を現したかと思えば、音もなくかき消える。姿そのものをも刻々と変えてゆくため、〝動かない〟はずの生き物なのに、全体像はもちろん、〝どこに向かっているのか〟をつかむのも容易ではない。つまり、よく分からないのである。

わたしたちが、なにげない散歩の途中で出遭《あ》う植物の数は、もはや計りしれない領域に突入しているわけで、つまるところ、生き物好きにとっては〝奇跡の時代〟が到来している。有史以来、世界中の生き物たちをこれほど身近で気軽に堪能できる時代はかつてない。いい意味でも、あまり芳《かんば》しくない文脈であっても。

重ねて申し上げるが、わたしたちは幸運である。つい50年前までは〝夢のまた夢〟と思われていた植物たちと、ごく気軽に挨拶《あいさつ》を交わせるのだから。２００年前に生きていた祖先たちが現在の畑や道ばたを見たら、とても日《ひ》の本《もと》の国とは思わないだろう。

そんな植物世界の〝へんてこな不思議〟を気軽に愉《たの》しもうというのが、本書の魂胆《こんたん》である。わたしたちの足元は、驚くほどの美と生命活動に溢《あふ》れている。第1章では、道ばたや空き地で、たくましくもごく小さな花や実をつける面々をご紹介する。続く第2章に登場するのは、ごく一部を除けば、カタバミやタンポポ、ナズナといった、よく知られる顔触れ。だが連中は、化学物質を駆使したり、体の仕組みをなにかに特化させたり、はては種《しゅ》自体をどこまでも枝分かれさせたりして、恐るべき進化を遂げている。まるで自分たちの理想を具現化《ぐげんか》したかのような緻密《ちみつ》なシステムと、デタラメにしか見えない挙動が入り交じる。その妖《あや》しげな深淵の入り口までご案内したい。

第3章では、地面に這《は》いつくばらずとも対面できるが、〝悩ましい〟としかいいようのない中型・大型の植物を。致死性の猛毒種や、鼻の奥をむずむずとさせる連中も含まれる。その手の内を知っておくのも悪くはない。第4章は、第3章までの植物とまったく異なる生存手段、すなわち〝寄生〟などを選択した〝ふつうじゃない〟者たちが主人公である。

以上で得られる知識には、日々の暮らしに役立つものもあるが、「これから生きていくうえで、なんの必要も必然性もない」という〝無用の長物〟のほうが、ずっと長い列をなす。しかし、それらを通じて、「植物のいったいどこがおもしろいのか」を少しでもみなさんと分かち合えれば、それにまさる喜びはない。

末筆ながら、企画と編集だけでなく、あらゆる知見と時間を惜しみなく与えてくださった田上理香子氏には、積年の感謝と敬愛の念を。そして、身近で同じひとときを共有してくださった方々と、本書を介して出遭えたあなたに、心底よりの感謝を。

２０２１年２月　著者

目次

第3章 一度気づけば存在感大！　なんとも悩ましき顔ぶれ　209

第4章 あなたの身近にもいる？ 寄生で奇妙で無精な面々

第1章

道ばたや空き地を彩る
小さな小さな雑草たち

オオイヌ家の一族

オオイヌノフグリ

とても小さな花でありながら、不思議なほど目を惹《ひ》く道草である。ころんとした丸顔に、ロイヤルブルーとホワイトの色彩。草むらにおける彼女たちはとても美しい存在として、目に飛び込んでくる。ある種の人々にとって、この色香は天啓に映る。

学名の*Veronica*は、聖女ヴェロニカに由来する。イエス・キリストが十字架を背負ってゴルゴダの丘に向かう途中、彼女は自分のカーチーフ（女性が頭や首に巻く布）を差し出した。汗を拭《ぬぐ》ったイエスが彼女にカーチーフを返したとき、そこにはイエスの顔が浮かんでいたという。その〝聖顔布《せいがんふ》〟を捧げ持つ姿は聖女として、いくつもの絵画に描かれた。

その名を引き継いだほど、この花の澄んだ美しさは人の心に強く訴えるなにかがある。フランスではオオイヌノフグリを〝聖母マリアの瞳（Les yeux de la vierge）〟と呼ぶ地域もあるほどだ。野辺でこの瞳に出くわすと、人生がガラリと変わることがある。さらに奇妙なことに、そのときに見た花と同じ印象のオオイヌノフグリを、二度と見ることは叶《かな》わない。

フランスから海を渡ってイギリスに行くと、ガラリと変わるのはふたつ名である。〝鳥の目（Bird's eye）〟と呼ばれ、その青い花が鳥の目に喩《たと》えられたともいわれる。

オオイヌノフグリ　*Veronica persica*

越年生　花期　夏期を除く通年

イギリスでは「この花を摘《つ》むと鳥に目をほじくり出される」と恐れられた。別の地域では、この仲間の花を摘むと雷に打たれるので〝稲妻《いなずま》（Thunder-bolt）〟と呼ばれた。

オオイヌノフグリは、ヨーロッパを故郷とし、いまや世界中に広がっている帰化種※で、日本には明治のころに渡来したと考えられている。

〝Forget-me-not〟といえば、いまではワスレナグサを指すが、欧米では一時期ではあるにせよ、オオイヌノフグリの仲間の多くをそう呼んだ。その由来がちょっとおもしろい。たとえば、この花をつまむと、丸ごとポロッと落ちる。実にあっけない。これが風に吹かれるたびに、音もなくはらりと落ちたり、ふわふわとあてどもなく飛んでいったりするので、〝わたしを忘れないで〟という花の声が心に響くのだろう。有名なワスレナグサの伝承もよいけれど、無名のこちらの話もまた愛らしい。

オオイヌノフグリのおもしろさは、とにかく〝花〟である。その大きさ、フォルム、色彩は、地域ごと、あるいは個体ごとにたいそうな違いがある。

彼女たちはどこにいても、ほがらかに、その澄んだ眼差しを向ける。人との出遭いも不思議であるけれど、彼女らの瞳との出遭いもまた格別なようで、少なからぬ思想家・哲学者などがこの聖母の瞳に誘われ、胸を射抜かれ、新しい道を歩くことになった。かくいうわたしも、この花のせいで、うっかり道を踏み外してしまった者である。

※帰化種とは「人の活動によって持ち込まれた外来種が、野生の状態で見つかるもの」。外来種は「ほかの地域から持ち込まれたもの」で、帰化種よりずっと広い意味で使われる。これらに対して、在来種は、もともとその地域に棲んでいる種族をいう

原産地のヨーロッパでは「気軽に扱うことを戒められる」生き物。その由来は失われたが、身近な存在への敬愛は心に留めておきたいもの。

瞳の色艶が多彩

紅花タイプ

淡い藤色タイプ

白花タイプ

タチイヌ家で赤っ恥を

タチイヌノフグリ

ピンと立つから〝立ち犬の陰嚢《ふぐり》〟。見たまんま、なんのひねりもないけれど、本人たちの性質にはひねりが効いていて、付き合いはじめると結構おもしろい。

10センチほどの小さな道草で、この子イヌたちは人が棲むところならどこにでもついてくる。オオイヌノフグリの仲間で、ヨーロッパを故郷とする帰化種。いまでは全国の人里と大都会でふつうに見られ、土を耕せばなぜか決まって生えてくる雑草のひとつ。

まず、この花がおもしろい。てっぺんのあたりから咲かせてゆくのだけれど、なぜだかとっても気恥ずかしそうに、葉っぱの合間に埋もれさせる。まめまめしい花色はふつう青だが、なかには「おお!」とため息がもれるような深みのある紺碧《こんぺき》から、思わず頬《ほお》がゆるむ愛らしい水色まで変化に富む。それればかりか、白、ピンクまで出現するなど、群れの中でも個体ごとに色が違っている。

この色違い探しは、いい年をした大人でも熱中するほど愉しい。もしかすると、花の大きさがひとまわりほど大きいもの（花びらが萼片《がくへん》よりも長いもの）が見つかるかもしれない。これをオオタチイヌノフグリ（仮称）として区別しようじゃないか、という動きもある。

タチイヌノフグリ　*Veronica arvensis*

１年生　花期　4～6月

さて、ある程度、身近な自然界に親しむようになると、〝イヌノフグリ〟という珍品の名を知ることになる。次項でご案内するが、広域で絶滅危惧種に指定され、滅多に見つからない。

「やった！　ついに自分で見つけた。これぞ激レアなイヌノフグリだ！」

いまから15年以上も前、わたしは勝ちどきをあげた。さっそく仲間に嬉々《きき》として触れまわったわけであるが、「タチイヌノフグリのピンク種ですね」と指摘され、あえなく撃沈。当時、一般向けの図鑑※1では、タチイヌノフグリのピンク種を、写真入りで解説するものなど見かけなかった。ひょっとすると、いまでも珍しいのかもしれない。

赤っ恥の話はキリがないのでさて置きまして、タチイヌのひねりをもうひとつ。その繁殖方法である。オオイヌノフグリとイヌノフグリの種まきは、アリンコが手伝っている。種子にエライオソーム※2というオマケをつけておくと、アリンコが喜んで運んでゆくことを知っているかのようだ。京都大学大学院の三浦励一氏らの研究（2003年、所属は当時のもの）では、アリンコに人気なのはやはりエライオソームがある種子であったが、不思議なことに、これがないタチイヌノフグリの種子も、いくらか運んでゆくことを報告している。なぜタチイヌたちがオマケをつけないのか、なにゆえそれでもアリンコがいそいそと持ってゆくのか。詳細はナゾであるけれど、タチイヌたちの繁殖力は確かに尋常ではなく、なにかウラがあるはずなのだ。いずれ実験で確かめてやろうと目論《もくろ》んでいる。

※1　植物愛好家を中心に、幅広い層が読む植物図鑑。書店でよく見るタイプはこれ。対して、研究者向けの専門図鑑がある（おおむね高額）

※2　別名「種枕《しゅちん》」。白いゼリー状で、脂質や糖分などを含む

ヒトとアリンコがいれば、どこでも楽園を築くことができる屈強な生き物。
畑や庭先では除草に追われるが、簡単に抜けるのでストレスは少なめ。

花がピンクのタイプ

種子

幻の輝かしき名族フグリ

イヌノフグリ

フグリの一族には珍種がいる。イヌノフグリという。日本の在来種である。

イヌノフグリは小さなピンクの花を咲かせる。タチイヌノフグリにもピンクの花をつけるものがいて、わたしもさんざん間違えた。

里山や海辺などで稀《まれ》に見つかる絶滅危惧種で、茎《くき》をなよなよと立ち上げ、なんとなく弱々しい雰囲気を持つ。そう、どこからどう見ても、なんら特徴もない〝ただの雑草〟にしか見えぬ。

植物屋※がこれを表現するとどうなるか。ぽつぽつと咲かせる〝澄んだ桃色〟の花に、この世のものとは思えぬ幽玄さと可憐さに心をふるわせる、となる。

造園家で樹木医の佐々木知幸氏は、しばしば驚くことをいう御仁である。極めて希少なイヌノフグリを「市街地の電柱やガードレールの下、線路わきなんかにもいますよ」。

いくらなんでも、そんなバカな……なにかの見間違い思い違いその他もろもろではなかろうか。植物屋の常識では「自然環境の豊かな地域に残されている」種族である。

連れ立って朝からフィールドワークに打ち込んだその帰路、佐々木氏が「あっ！」というのでギョッとした。

※植物を研究し、偏愛する人。書籍の著者、植物観察会・ツアーのガイド、庭園で働くガーデナー、造園家など、肩書きは多岐にわたるが、生きている植物への尋常ではない愛情を隠そうともしない点では共通する

イヌノフグリ　*Veronica polita* subsp. *lilacina*

越年生　花期　3～4月

鎌倉は住宅地のど真ん中、それも交通量が多いバス停のそば、あげく壁の隙間におった。雑踏の片隅で、いささかやさぐれ、髪を振り乱した感じでまんじりとしている。夕暮れどき、男が三人、壁に向かって背中を丸め、講演会で鍛え抜いたムダによく通る声で興奮を隠さず。観光客、家路を急ぐ人々、あげくイヌまでが遠巻きにして、足早に去ってゆく。

別の場所では、アスファルト、側溝の合間など、それはもうイヌであったならば「ここのマーキングだけは欠かせません」といった場所でもって、のん気に暮らしておる。

帰化種の一族は、ひまさえあれば年がら年中開花するが、イヌノフグリだけは花期がとても短く、3〜4月の早春だけ。たおやかな花容《かよう》も素晴らしいが、結実の姿も愛嬌たっぷり。丸っこい玉っころをふたつ、抱き合わせてぶら下げる。帰化種のオオイヌとタチイヌの結実は、全体的にひらべったく、先端がややとがるのだけれど、在来のイヌノフグリは球状になるので区別がしやすい。これを優しく包み込む萼片から、ほんのちょっとしか顔を出さないところも、世間からイヌの陰嚢と呼ばれ、「んもう、イヤだわ」と、どこか気恥ずかしさを感じているようでちょっとおもしろい。

50年ほど前なら、畑地にはびこる〝迷惑雑草〟であった。それがこれほど見事に消え失せてしまうとは、当時、誰ひとり予想もしていなかったであろう。一方で、それほどまでに希少となりつつも、実はとても身近で生き延びているのがおもしろい。

イヌノフグリは希少な植物であるが、住宅地のへんな場所で見つかる。

イヌノフグリ

タチイヌノフグリ

そっくりなタチイヌノフグリとは、上部の葉っぱの形で見分けるほか、結実の形が違う。

高貴な香気に隠された巧緻

ヒメオドリコソウ

ごく身近な人の〝才能〟に気がつく人は、その人自身が天才だという証左である。天賦《てんぷ》の才は、まず当の本人ですら気がつくことがむずかしく、しかも他人との優劣で決するものでもなさそうだ。その点、ヨーロッパからやってきたヒメオドリコソウの天賦の才を、見事に看破したアジア人はすごい。

全国の道ばたから畑のそばまで、ヒメオドリコソウは群舞する。1893年に東京の駒場で発見された帰化種で、持ち前の軽快なステップで全国を練り歩き、迷惑雑草としてのいまの地位を確立した。歴史が浅いせいか、日本での利用や伝承はほとんどない。

春先のお花畑は、言葉もないほど愛らしく飾られるが、なかでもオオイヌノフグリとヒメオドリコソウの競演がひときわ目を惹く。ヒメオドリコソウの場合、花よりも立ち姿そのものが華やかで、緑色の葉が、てっぺんに向かうほど赤紅や紅海老茶に染められてゆく。

新緑の芽吹きが支配する春に、秋冬の色彩をあえて採用した彼女らの色彩感覚のお陰で、野辺の彩りがどれほど奥深さを増していることであろうか。とても帰化種とは思えぬほど日本の詩情に溶け込んでいる。

ヒメオドリコソウ　*Lamium purpureum*

越年生　花期　4～5月

彼女たちの繁栄を支えているのは、ミツバチのほか、アリンコである。オオイヌノフグリと同じく、種子にエライオソームというオマケをつけておくため、母親が種子を足元に落とすだけで、アリンコが遠くまで連れて行ってくれる。どうやら世界各地のアリンコを手なずけているようで、あらゆる地域で成功を収めている。

これに目をつけたのが西ヨーロッパやアジアのハーバリストたちである。※日本人の舌からするといまひとつであるが、全草《ぜんそう》がサラダや炒め物にされるなど、広い地域で賞味される。

薬草としての評価も高い。ゲルマクレンD（Germacrene D）という高級な成分を、彼女たちはとても好んで生産し、たんと貯蓄する。イランイランやジュニパーというハーブからは貴重な精油が採れるが、その主成分がゲルマクレンD。独特な香気を持ち、抗菌効果が高く、抗炎症・鎮静作用が期待される。自然界では、さらに変わった効果を示すことが知られる。殺虫作用である。高い濃度ではさまざまな有害昆虫に引導を渡すが、低い濃度であると忌避《きひ》作用（イヤな刺激を振りまいて有害生物を遠ざける）を持つほか、なんと昆虫フェロモンとしても機能するのだという。フェロモンは少なからず〝お誘い〟の作用があるわけだが、心地よい場合とキツい場合で効果が違うところがおもしろい。まるで昆虫たちの〝好き嫌い〟を熟知しているかのような振る舞いには驚くばかり。雑草たちの〝才能〟というもの、やはり底知れぬものがある。

※薬草に親しむ人のこと。民間療法の専門家としてハーブの使い方などをアドバイスする人もいる

海外ではそれなりに評価が高いハーブ。近年のアジア圏では医薬研究が進む。群れて暮らすことを好むが、写真のような大群落となればその美しさが際立つ。

花蜜《かみつ》が多い。むかしから各地の子どもたちが好んで花蜜を愉しむ。

初夏の結実期は色彩が変化する。柔らかなクリーム色が野辺に甘く広がる。

甘美なる蠱惑な異才

ホトケノザ

フリルのよだれ掛けみたいな丸葉を、段々につけるホトケノザ。その合間に鮮やかな赤紫色の花を輪舞させる姿がことのほか愛らしい。これをちょいと拝借して、花びらの付け根に唇を寄せ、花蜜《かみつ》を愉しむ。アタリであると、思いのほか美味《おい》しい蜜にありつける。娘が5歳のときにこれを教えたところ、大変気に入り、ずいぶんと仲のよい友達になってくれたようだ。わたしもガーデナーとして、思えばずいぶん長い付き合いを強いられてきたものだと感慨深いが、きっとこの先もお別れのときを迎えることはないだろう。

一説によれば、ホトケノザは純粋な在来種ではなく、古代に渡来した帰化植物であるともいわれる。海外ではヒメオドリコソウと同じ要領で、食用・薬用にされる。高級精油成分のゲルマクレンDも豊富であるが、食感はぶかぶか、もさもさして、味わいも妙なエグみがあるため、ちょっと冴えない。当面のお愉しみとしては、やはり花蜜だけで満足するほかなさそうだ。

いまの日本には、年間あたり、少なくとも数千種の外来種が入ってきていると推定されるが、大半が日本に馴染《なじ》めず、口をつぐんだまま野辺に斃《たお》れる。

ホトケノザ　*Lamium amplexicaule*

越年生　花期　夏期を除く通年

我が国に適応できる外来種はごくわずか。全国に広がることができるのは、ふつうでは考えられぬ〝異才〟を発揮できた系統だけであり、するとオオイヌノフグリやホトケノザを見る目も少しは変わってくる。

ホトケノザの創意工夫のひとつに、開花する花と、開花しない花（閉鎖花）を分けて咲かせることがある。開花している花の下には、つぼみたちがお行儀よく並んでいるが、これは結局、開花しない。閉鎖花の中では、自分の花粉で受粉を済ませることで、スムースに種子形成のステージへと進行する。このとき、種子にエライオソームをつけることを怠らない。

普段から、花の蜜を目当てにアリンコたちが一杯やりに集まっている。ホトケノザは、アリンコの通勤路に種子をぽろぽろと落とすだけでよい。たとえば一杯やって気持ちよくなったところに、道ばたでお土産まで配っていたら、その日一日、ほくほくである。毎日、アリンコたちはそんな気持ちを味わっているのかもしれない。ホトケノザは、小動物を魅了するアイデアで世界中に広がることができたようだ。

農家やガーデナーにとって、アリンコの種まきはとても苦々しく映る。ホトケノザは畑や庭先にいると病気になりやすく、それをトマトやキュウリなどにうつしてしまうのだ。こうした場所では早めの対処が欠かせない。

春の花と思われがちだが、涼やかな晩秋から開花をはじめ、凍える冬にも咲き続ける。栄養源の少ない冬季に、小さな動物たちにとって、かけがえのない貴重な恵みとなる。

正面から見ると海老の天ぷらのような顔立ちが愛らしい。

ごくごく稀に白花種も見つかる。

地中海の幸せぽんぽん

クスダマツメクサ

小さなくせに、まばゆいほどのビタミンカラー。花期ともなれば、そこらじゅうがレモン色したぽんぽんで埋め尽くされる。思わず「うわあ……」となるこの愛らしさ。クスダマツメクサはその名の通り、花穂《かすい》がくす玉のようになる。あまりにも可愛らしいため、庭園の装飾やフラワーアレンジメントに使われ、苗が販売される。

ほぼ全国に棲みつき、駐車場の跡地、開発が休止している空き地などで、それは愉しそうに群れている。気にもかけておらぬときはしょっちゅう見かけるのに、仕事で新しい写真が必要になるや、姿を消す。どれだけ探しても見つからず、よく泡を食わされた。多くの人が「見つけた！」と思ったそれも、たいがい別の種族である（次項）。

ヨーロッパ原産の帰化植物で、80年以上も前にやってきて全国に広がった。その歩みは、こぼした醤油の染みよりもずっと地味。栽培すると、思うように殖えてくれぬ。ひどくやきもきさせられる。ガーデナーとしては「ちょっとしたぽんぽん畑を！」と切に願うわけで、「あちらの陽なたがよさそう？　でも風の通り道で、土が乾きやすいのが玉《たま》に瑕《きず》でしょうか。やあ、こちらはいかがでしょう。陽当たりはもちろん、水持ちも最高」

クスダマツメクサ　*Trifolium campestre*

1年生　花期　5～6月

「排水性にも富んでいて、とても人気がある場所です。ええ、もちろん、いまお棲まいのアグリモニー※にはどいてもらいますそうします」と、あらゆる手立てを尽くす。にもかかわらず、クスダマツメクサは肩身も狭そうに、広い場所にそぐわない小さなぽんぽん畑をこさえて満足してしまう。数年が経ち、いくらかは殖えてくれたものの、期待の30%にも満たぬ。それほど大人《おとな》しい種族で、どうやって全国各地に広がることができたのか不思議で仕方がない。時折、市街地の空き地でもって、それこそ夢にまで見た豪華絢爛《ごうかけんらん》な大群落を築いていることがあり、我らガーデナーはただただ臍《ほぞ》を噛《か》み、地団駄《じたんだ》を踏み、じっとりと湿った目で羨《うらや》みつつ眺めるほかなし。なにしろ数年がかりで心労を重ねたあげく、野辺にあるほうがずっと美しく映えるのだからもう、ぬぬぬ。

　もしも出遭うことが叶ったら、タネを採集してみるのもおもしろいだろう。別名をホップツメクサというが、結実期になっても花びらが茶褐色になって残り、ホップの花穂を思わせる。しぼんだ花の奥底にて、可愛らしい種子が寝息を立てている。発芽率は悪くない。ポットなどに蒔《ま》いて、ささやかな期待に胸を膨らませてみる。発芽するのが当たり前だとしても、ちょんと双葉が出ようものなら思いのほか嬉《うれ》しいのである。

　見知らぬ場所で苗を掘り上げるのは、トラブルのタネを蒔く以外の何物でもないが、道ばたでタネを採るくらいなら失笑を買うほどで済む。日々の愉しみのタネを蒔こう。

※セイヨウキンミズヒキのこと。夏から秋にかけて、小さな黄色い花を連ねて咲かせる。薬用ハーブとして栽培される

陽当たりのよい斜面や草地をとても好み、ごくたまに大群落を築く。市街地では駐車場や歩道の植え込みなどにも棲みついている。

〝ちょっと、違う〟コメツブぽんぽん

コメツブツメクサ

「クスダマツメクサをやっと見つけたかも。植えてみたんだけれど、どうかなあ」

妻は某国営公園に長く勤め、ハーブガーデンの植栽デザインや管理に奮闘する偉大な人である（個人の感想）。どうやら公園内の草地で見つけたものを移植してみたらしい。

一見して「やあ、これはコメツブツメクサですな」というや、「なんか、ちょっと違うとは思ったけれど」とがっくり。さすがの慧眼《けいがん》。まさしく、なんか、ちょっと、違う。その程度である。

コメツブツメクサも、その故郷をヨーロッパからアジアに求めることができる帰化種。いまでは全国各地に広がっている。道ばた、スーパーの植え込み、公園の芝地、河原など、いたるところで元気よく茂っており、ぱっと見ただけではクスダマと区別がつかない。

クスダマのほうは庭園の装飾、花束、クラフト用にとても人気が高いため、ガーデナーやハンドメイド作家が熱心に求めて野辺から採集する。けれども、その手にあるのは、たいていコメツブツメクサか、コメツブウマゴヤシである。

生き物の世界ではよくある話だが、そっくりなものがあること自体、意外なほど知られることがない。

コメツブツメクサ　*Trifolium dubium*

１年生　花期　5〜7月

花穂のボリューム感に、明らかな違いがある。コメツブの場合、小花の数が5～15個ほどで、形がブナシメジ風になる。一方、クスダマの小花は20～30個とコメツブの3倍ほどになり、ふくよかな玉っころになる。「わたくし、なんとしても間違えたくないのですが」という場合は、葉の付け根にある〝托葉《たくよう》〟を見てほしい（左図）。

コメツブウマゴヤシの場合は、花の数が20～30個とややボリューム感を出してくるので、実にまぎらわしい。これも〝托葉〟を見れば分かるほか、〝結実〟していたらコメツブウマゴヤシであろう。ミニサイズのバームクーヘンを積み上げてみましたという感じ。花びらはすべて落としてしまう。

しぼんだ花びらがそのまま残っていれば、クスダマツメクサか、コメツブツメクサ。花のボリューム感で区別してもよいし、しっかり見極めるなら托葉をのぞき込んでみたい。

托葉という、ふつうの人が決して気づかぬような部分に、植物たちはことのほかこだわる。あらゆる生き物がそうであるように、実に微妙な、ほぼどうでもいいような体の一部に、なぜか強いこだわりを寄せるところがとてもおもしろい。花や葉の色と形は自由自在に変えてしまうのに、どうでもよさそうな技芸を凝らした部分を、頑《かたく》なに守り通すところがある。植物屋はそうした植物たちの〝奇妙な風習〟をまんまと利用し、その違いを手を叩《たた》いて愉しむという〝奇妙な習性〟を持つ。

コメツブツメクサ

コメツブツメクサ

クスダマツメクサ

コメツブウマゴヤシ

托葉の違い

美しき〝のん気な哲学者〟

トキワハゼ

いつも元気で笑顔が素敵な人というのが、この世には確かに存在する。いったいなにを食べてどう暮らせばそうなれるのか、不思議で仕方がない。道ばたの世界でいえばトキワハゼがちょうどそれ。

常盤爆と書くが、いつもどこかでニコニコと花を咲かせておるので、常盤《ときわ》※がつく。道ばたや草地など、そこらじゅうに根を下ろしているが、あまりにも小さなため、先を急ぐ人々の目に留まることはなく、そこで落ち着く人にも気づいてもらえず、あえなくレジャーシートの下に埋もれてぎゅうとうめく。

花の姿は、さながら春の空を舞うヒバリのよう。とても小さく1センチほど。ちょっとした群落になると、翼を広げた小鳥たちが青空を自由闊達《かったつ》に飛び交う姿にも似て、さらには〝若々しい甘いカクテル〟のような色彩で飾られた姿がひときわ愛くるしい。どこにでも顔を出す、なかば節操のない雑草ながら、誰からも愛される異色の存在である。

トキワハゼの美人ぶりは、ルーペといった、いくらか気の利いた小道具をお持ちであると味わいが増すもので。

※常に変わらない岩。転じて永久不変のこと

トキワハゼ　*Mazus pumilus*

１年生　花期　ほぼ通年

しっとりと開いた花びらと、その付け根にある萼片に、透明な腺毛《せんもう》が林立している。まるで朝露か、あるいは花蜜でこさえた小さなキノコがお行儀よく並んでいるようで、幻想的な妖精の世界を垣間見たかのような美しさをたたえている。

さて、トキワハゼの常盤の意味は分かった。なにが爆《は》ぜるかといえばもちろんタネであるが、時限式の爆弾で、いつ炸裂《さくれつ》するのかトキワハゼ自身がよく分かっていない。タネが十分にできあがった頃合いになると、これを包んでいた結実の上部がぽっかりと口を開ける。あとは、じっと、そのときを待つ。蒼天に暗灰色の重苦しい雲が流れ込み、冷涼な風が地面を駆け抜け、いよいよ小さな雨粒がサーッと落ちてきたそのとき、命の一滴が結実に衝突すると、微塵《みじん》のようなタネがわあいと世界に飛び散ってゆく。パチッであろうか、パラパラッであろうか。どのような音がするのか想像するのは愉しい。驚いたことに「どれだけ飛び散るのか」を調べた人がいて、「およそ50センチ」というから、雨粒の衝撃を利用したタネ蒔きシステムは、意外と効果的なのであろう。

連中の住まいは、決して居心地がよさそうな場所ではないのに、年がら年中、愛らしい花を咲かせてみせる。誰からも愛される存在になるには、多くを求め、すべてをキッチリやるよりも、トキワハゼみたいに〝どこかのんき気な哲学〟が肝要であるのかもしれない。笑顔が素敵なあの人も、思えばあちこちすっぽ抜けたところがあったような……。

甘い色彩と愛らしいフォルムが持ち味のトキワハゼ。どれほど厳しい場所にあってもくじけることなく、むしろ笑顔を絶やさぬように咲き誇る。敷石の隙間に棲みつく連中も多く、整然と並んで開花しているとミニ庭園のようでおもしろい。

草むらの寝業師

ムラサキサギゴケ

トキワハゼに似ているが、花がずっと大きく、湿った場所で群れをなす。

その色彩は優しい藤色から濃厚なグレープ色がベースで、しっとりと落ち着いた雰囲気。それだけでも甘いカラフルさが持ち味のトキワハゼと区別できるが、ムラサキサギゴケたちは気ままに色彩を変え、近隣の植物と手を組んで心地よい世界を創り出す名手。

田んぼのあぜ道に、とりわけ好んで棲みつく。白花や黄花が多い春の野道を、目にも鮮やかな紫色で舞台の華やぎを盛り上げてくれる。こうした場所をよく見ると、なぜだか大型雑草の姿が見えぬ。そう、ムラサキサギゴケたちは隣人のちび雑草たちと手を組んで、ちび世界の日照権を確保すべく、素晴らしい根回しをしている。なにをしているかというと、それぞれの根っこから、特殊な化合物を分泌する。たとえば大型雑草の種子が落下傘《らっかさん》部隊として襲撃をしかけてきても、彼らが着地を果たしたところで、その後の正常な発芽や生育を化学的に妨害する。その見事な仕事ぶりは、あぜ道の管理に気を揉《も》む農家をたいそう助け、雑草ではあるけれど古くから大事にされてきた。

このちびっこ防衛網は、一見するとほぼ完璧に見える。

ムラサキサギゴケ　*Mazus miquelii*

多年生　花期　4～5月

あぜ道の愛らしいお花畑をそれとなくじっくりと眺めてみれば、ちび雑草たちは見るからに押し合いへし合い、肩身をすくめて茂っている。ちょいと視線をずらせば、大型雑草がすぐそこまで迫っており、そうした場所は防衛網が見事に破られておる。なにが起きたかといえば、ちょいとした〝やり過ぎ〟である。ちび雑草の間でも、お互いに様子を見ながら牽制《けんせい》し合っている。なにかのキッカケで、誰かがまとまって消えてしまうと、どどどっと雪崩《なだれ》を打って、別の誰かがわあいと茂る。するとケミカルな防衛網のバランスが崩壊し、隙間が生まれる。まんまとこのスキに乗じることができた中型・大型雑草がひとたび芽を出せば……。人間が放置すると、わずか数年でちび雑草の楽園はあえなくかき消えてしまう。のん気なあぜ道に見えるが、意外と首の皮一枚でなんとか持ちこたえている〝奇跡の世界〟である。こうした〝やや斜めの鑑賞〟をすると、雑草たちの音のない声が微《かす》かながらも五感を撫《な》でてゆく。

さて、ごく稀に白花のものが出現する。これが大変美しい。サギゴケという。図鑑によってはムラサキサギゴケの正式和名をサギゴケにしているものがあるなど、やや混乱が見られるが、考え方の違いによるものである。

色彩の変化が豊かで、妖艶かつアダルトな風情を醸し出すサギゴケなども出現するので、春の野辺を歩くときは、自分だけしか見つけられぬ色彩の妙を愉しんでみたい。

サギゴケ　*Mazus miquelii* form. *albiflorus*

お馴染みの道草でも、付き合いを深めてゆくと個性的な「子」がいることに気がつくようになる。わずかでもその形や色彩が変化すると、全体の雰囲気すら変わってくるからおもしろい。春から初夏は“珍しい逸品”との出遭いに恵まれる季節である。

色彩変異の例

花色が薄い

斑紋《はんもん》が紫色

ほつれて溶けて、愛らしく

ウリクサ

真夏。陽炎《かげろう》が、あまりの暑苦しさにその身をよじるほどまで焼けついた歩道の合間で、のん気にも花開くものがいる。上から見ると、白い貝殻のカケラをぱらぱらと振りまいたかのよう。やがて朝夕に秋の息吹を感じるころになると、やや色気づき、花数がほのかにふわりと増える。ほのかに、であるからして、かなりまばら。それがまた実によい塩梅《あんばい》。

つとしゃがみ、ひとたびルーペの世界へ潜り込むと、うわっとなる。その色彩は、バニラアイスの上にグレープソースを垂らしたような甘さで、ソースがそれは絶妙な具合でもってバニラに滲《にじ》み、ゆるやかにほつれては溶けてゆく……。その移ろいたるや絶佳。花のノドの部分(下の花びらの奥)だけに、華やかなレモン色をのせるセンスもまた素晴らしい。ちょいと背面を見てみると、雰囲気は一変。グレープ色が濃厚になり、この花を包む萼片がまたエレガントで、キリッと引き締まったフォルムを描き、クリムゾン色したカッコいい縁取りで彩る。正面はあくまで愛らしく、背面がシックという装い。人間界ではちょっと考えられぬ洒落《しゃれ》たデザインである。

葉っぱについても、環境によってその装いを変えるというこだわりよう。

ウリクサ　*Torenia crustacea*

１年生　花期　8～10月

ほのかにぷりっとした質感の葉に、赤紫色した樹形のような美しい葉脈を浮かべる。葉の淡い緑とのコントラストは鮮やかに見え、けれどもイヤらしい派手さがまるでないのは不思議なほど。この斑紋《はんもん》は、陽当たりがよい場所に棲むウリクサたちが得意げに浮かべることが多く、日陰の道ばたにいるものはこの装いをしない傾向がある。

さて、ウリクサが瓜草と呼ばれるわけは、果実の姿が〝マクワウリ〟※に似ているからといわれる。これがまたおもしろい格好をしているのだが、よく似た果実をつけるものはたんとあるのに、なぜ本種だけがウリクサという名になったのか、よく分からない。

もう一度眺めてみたい。茎から花の柄がすうっと伸びるが、花の手前でくいっと上向きにカールすることが多い。絵本の世界で、通りすがりのヘビやミミズが、自分よりずっと小さな主人公に首を垂れ、「どこ行くの?」と話しかけるシーンを彷彿《ほうふつ》とさせる。とりわけ住宅地の側溝や、公園の草むらでは、背丈が低いものが多く、おのずと花柄《かへい》も地面を這うように伸ばす。そこから鎌首をくいっともたげ、先っちょに小花をぽちょりとあつらえる。愛らしい。

この花が咲く前(あるいは咲いたあと)、わたしたちは罪悪感を微塵も抱くことなく、歩道や公園のウリクサたちを硬い靴底で踏み抜いている。けれども案ずることはない。ウリクサは結実まで至ったあと、動物や車輪に踏みつけられることで、子どもたちを世界に羽ばたかせている節がある。誰かが通る場所にウリクサが育つ。なんというしたたかさ。

※メロンの一種で、弥生時代から日本にあり、お盆のお供えに使われることでお馴染み。皮色は黄色や緑、白などで、マスクメロンのように甘くないが、さっぱりしている

ウリクサの魅力はなんといってもその小ささ。フォルムは細やかな手仕事に溢れており、葉の鋸歯《きょし》の美しさから葉脈の色彩までこだわり抜いている。花も背面から眺めると、また違った質感と色彩の妙を味わうことができる。

鋸歯と葉脈

花の背面と結実

開花もなにも、気分次第　ツメクサ

揚げ足を取る……。こういったことを得意とする顔ぶれはどこの世界でもお馴染みであるが、ツメクサも、速やかに足をすくうことを得意とする生き物である。

「ぜひ鑑賞しよう」と意気込んで出かける場合、目的地は〝地面〟でありさえすればどこでも。もっとも適しているのが住宅地の側溝、歩道の敷石の合間、陸橋のひび割れた階段など。ツメクサを知らなくても、お店や玄関の掃除をする人なら、「敷石やコンクリの隙間をば、鎌の先っちょでカリカリと削るように除草しているアレ」といえばピンとくるかもしれない。その葉は切った爪先のように細く、ことごとく除草しづらい場所を狙って生えるスナイパータイプの雑草である。

その細い葉が鳥の爪を思わせるので爪草といい、シロツメクサの詰草（乾燥した花穂を荷物のクッション材として使ったことに由来）とは違う。全国各地の隙間に棲んでおり、初夏になると四方八方へと広がり、ムシロのようになる。雨のあと、敷石の上でこれを踏み抜けば見事に足をすくわれる。なんとか転ばずに済んでも、腰に来るわムカッと来るわ。それでも古くから打撲傷、虫歯、利尿の薬草として全草が使われてきた。

ツメクサ　*Sagina japonica*

１年～越年生　花期　3～7月

とはいえ、植物分類学ではナデシコ科に在籍するだけあって、花の姿はとても可憐。ムダがない。地べたを這いまわっていたかと思えば、それは軽やかにひょいと花茎を上げ、そこらじゅうから純白の5弁の花を笑うように咲かせる。この花びら、ただ白いのではない。そこはナデシコの仲間であるからして、白磁器のような艶を抱き、大変美しい。もしも埋め尽くすように咲き誇っていたならば、かえって暑苦しく感じるだろう。「もうちょっと、咲いてくださってもよろしいんじゃあないですかねぇ」と物足りなさを感じさせるあたりで、打ち止めにする。実に心憎い。

清楚《せいそ》な花の合間には、マクワウリみたいな蒴果《さくか》（結実）がポコポコと実っている。この中には小粒の種子がギュッと詰まっており、あなたの靴底、お散歩しているイヌの肉球の隙間に潜り込んでは、行く方も知れぬ旅に出る。

ツメクサたちのユニークさは、大事な花びらを、気分次第でつけるかどうかを決めるところ。まったくつけないか、「あるんだかどうなんだか」というミジンコサイズの花びらをつけて満足する。一般に「花びらは、非常に重要な意味を持ちます」といわれ、その重要性につきアレコレと事細やかに解説されるが、ツメクサたちは「なにそれ」と我関せず。こうした勝手気ままな自由自在さをいくつも披露することで、たまに植物分類学者の足をすくったりしている。

ツメクサは、多くの人にとって、見覚えはあるけれど、わざわざ調べる気にはならない道草の代表格であろう。そっくりなものにハマツメクサ（写真下段）がいる。茎や葉が太くなるタイプであるが、細いものもあり、確実に見分けるなら種子を見るほかない。種子の表面が滑らかで突起の凹凸が小さいものがハマツメクサで、突起が顕著ならツメクサ。

ハマツメクサ　*Sagina maxima*

人を翻弄する、野辺海辺の逸品

ウシオツメクサ

ツメクサの花を見て、「もしもこれが桃色であったなら……」と切望された方に朗報がある。この種族、ひどく勝手気ままな生き物ではあるのだけれど、気が利くところもいささか持ち合わせておるようだ。

潮爪草《うしおつめくさ》と書き、海辺などに棲む。河川敷や住宅地などでは、やや内陸まで棲みかを広げていることもある。その花容たるや、得もいわれず。初めて出遭えたときは、まさしく釘づけ。ツメクサの、白く楚々《そそ》とした花でさえ満足であったのに、花びらがいっそうぽっちゃりとして、桃色のグラデーションがとろけるように広がってゆく。「うわぁ」である。つぼみはたくさんあるのに、開花はみっつよっつほど。ぐぬぬっとうめく。「きみ、あとちょっと、どうにかならんかね」と思い、翌日、再訪する。ふたつに減っとる。ぬぬ！　相変わらず人を食ったような気ままさである。

敷石や護岸の隙間でこぢんまりと茂っているが、ツメクサのようにどこでも見られるわけではなく、ごく狭い地域に限られることが多い。あげく小さな生き物であるがゆえ、気がついた人は幸いである。

ウシオツメクサ　*Spergularia marina*

1年～越年生　花期　5～8月

あまりにも愛らしいので、種子を採り、育ててみた。まったく大きくならぬ。ただ、春に咲き、夏にもまた開花してくれたことはとても嬉しい驚きで、いっそう愛おしく思えた。華やかな園芸植物に飽きたガーデナーには、お勧めしたい野辺の逸品である。

港湾がある沿岸部周辺には、そっくりなウシオハナツメクサという種族が棲む。こちらは地中海世界からやってきた帰化種で、一般の図鑑では滅多に紹介されることがない。在来のウシオツメクサよりも大きめに茂るが、試験栽培してみると、なぜかご機嫌ナナメを隠そうともせず、それは小さく、ひょろひょろっと、実に情けない。花色の愛らしさは在来種と同じで、やはり春と夏の2回、開花する。帰化種であるからして迷惑なほど茂るかといえば、これまた人を食ったように、点々と小さなコロニー※をこさえて満足する。

海辺や河口のまわりを散策されるときは、この桃色ツメクサたちとの会合を愉しんでみたい。運よく結実に出遭えたら、タネを採ってみるのもよい。たいした世話は必要ないが、発芽率は驚くほど悪い（多めに蒔くとよい）。それだけに、ウシオツメクサたちがひと株、ふた株と、どうにか育ってくれたときの有り難さもひとしお。

※特定の場所に生物が集まっている状態、またはその集団。植物の場合はひとまとまりの群落

道ばたにいるウシオツメクサの大きさは写真（上）の通り。ふつうに歩いているとまるで気がつかない。一方､ヨーロッパ原産のウシオハナツメクサ(写真下段）は大きめに茂るほか、花も大きく数も多め。どちらも鑑賞に堪えるほど美麗である。

ウシオハナツメクサ　*Spergularia bocconii*

ああ、我が懐かしき割烹着

アゼナ

花はウリクサ（48ページ）の雰囲気を思わせる。しかしよく見ると、小さな割烹着《かっぽうぎ》を着たようなというか、かなりシンプルなデザインである。

アゼナを見る（あるいは覚える）には、田んぼが一番。イネの合間をのぞき込めば「やあ、いたいた」。たいがい背筋も正しくピンッと立ち上がり、艶やかな葉っぱの合間から白っぽい小花を咲かせておる。

ルーペで見ると、この割烹着には淡いアメジスト色の縁取りがある。このグラデーションが大変美しい場合もあれば、いかなる感慨も湧《わ》かぬお役所的な割烹着のケースもある。ところがどうだろう、この地味な花、探してもなかなか見つからぬといった事態を一度でも味わうと、俄然、懐かしく、強い郷愁に焦がれるのだから勝手なものである。

田んぼでアゼナを見つけた場合、北アメリカから移住してきたアメリカアゼナであることが多くなった。花のフォルムや装いは、日本のアゼナたちよりもずっと都会的に洗練されている。アメリカ産は、タイムズスクエアを三つ揃《ぞろ》えのスーツで歩く感じで、日本産は埼玉の川越を割烹着で歩く姿（なんら違和感もない）ほどの違いがある。

アゼナ　*Lindernia procumbens*

1年生　花期　8～10月

はじめのうちは「どっちもどっち。区別するのも面倒」と思われるだろう。もちろんそれも悪くはないが、葉っぱを見ると、雰囲気の違いをなんとなく察することができる。日本のアゼナは葉の縁がつるっとしている。アメリカアゼナはギザギザ。花びらの感じでは、アゼナは白い割烹着（もしくはのっぺらぼう）で、アメリカアゼナは淡い紫の斑紋をお洒落にキメ込んでいる。見るからに、アメリカのほうがカッコいいのである。

田んぼでなくても、湿った場所であればふつうに見かける。身の丈は5センチから30センチくらいと幅があるけれど、決まってピンッと立ち上がる（よく似たウリクサは地面に寝そべって広がる）。満開になっても、数個ほどをちょいちょいと咲かせる程度で、かなり地味。それでも仲間が集まって暮らしておると、なかなか愛嬌のある小さな花束となり、ふと頬がゆるむ。

「最近、アゼナ（在来種）を見なくなったねえ」と、フィールドワーカーたちは肩をすくめる。アゼナだらけであった田んぼでも、いまではすっかり姿を消して、アメリカアゼナに置き換わっているところが少なくない。こう書くと悪者のように思えてしまうが、アゼナが消えたのはアメリカアゼナのせいだとは思われていない。薬剤の影響や耕作放棄など、ヒトの活動が強く影響していると見られている。

ちょいとトボけた白い割烹着たち、あなたのそばでは元気に暮らしておるだろうか。

ウリクサ（48 ページ）が大きくなって立ち上がった感じのアゼナ。水気をとても好むので、田んぼや湿地のまわりに多い。シンプルな姿ながら、飽きない愛嬌がたっぷり。よく似たアメリカアゼナ（写真下段）は葉の鋸歯が明瞭なので区別できるが、実は微妙なものもあり、詳しく調べる場合は専門図鑑を参照するとよい。

アメリカアゼナ　*Lindernia dubia* subsp. *major*

カスタード色した甘い笑顔

ザクロソウ

この世界はごくたまに、とても魅力的な人を産み落としてくれる。なにがそんなに素敵かといえば、とにもかくにもその笑顔。わたしたちのへこんだ心を見事に小躍りさせてくれるあの不思議な魅力。

ザクロソウは、そんな彼ら彼女らの晴れやかで美しい〝笑み〟がひとつふたつとこぼれ落ち、道ばたで花開いたかのよう。人々が多くの笑顔を交わす場所に、ザクロソウたちが好んで棲みついたような気さえしてくる。

萼片のスタイルと色彩がとりわけ愛らしく……などと〝正しい表現〟にすると、かえってピンとこない。ザクロソウたちは「花びらはいらないわ」という哲学を実践する種族で、花弁のように見えるソレは萼片である。遠目には白っぽく見えるが、実は淡くて甘いカスタードクリーム色。これがカップ咲きのようにふわりと開くところが、大変よろしい。

よく見れば、萼片の外側には濃厚な色彩を浮かべ、咲き進むにつれて裏側のシックな色味が表面にうっすらと浮かびあがってくるのだ。このときがもっとも晴れやかな美麗さを誇る格別のひととき。

ザクロソウ *Trigastrotheca stricta*

１年生　花期　7～10月

顔をちょっと引いて、ひとたび全身を鑑賞すると、そのムダのなさと清涼な空気感がとても素晴らしいことに気がつくかもしれない。華奢《きゃしゃ》であるのは、道草としてはいささか不都合が多いように思われ、葉っぱもこれだけ細く、しかもその数がとても少ないため、命綱である光合成もごく限られてしまうはず。それでも道ばたや畑地で大いに繁栄し、耕作放棄地では埋め尽くすほどまで広がっているザクロソウには、驚きを禁じ得ない。正攻法でない、いまだ知られぬ彼女らなりの技巧や発想があるのだろうか……。そんなことを考えておると、動くに動けず、電車に乗り遅れる。花期も長く、初夏から晩秋まで愉しめるのだが、それほどまでに旺盛な活力をどうやって生み出しているのかと、不思議で仕方がなくなり、道ばたでうんうん唸《うな》っておるとまた電車に乗り遅れた。

すべての色彩が絶妙に溶け合うことで、見るほどに新しい感覚が呼び起こされる。その極めつけが結実の姿。おちょぼ口をぱかっと開き、中にはとても小さな、それでいてビビッドなルージュの艶を持つ愛らしい種子が肩を寄せ合っている。ザクロソウの名の由来は、その葉がザクロの葉に似ているからといわれるが、むしろ結実の姿がザクロの果実を思わせるものである。

さらにもうひとつ、その雰囲気がわずかばかり違った顔が、みなさんのそばで見つかるだろう（次項）。

畑の雑草としてお馴染みで、梅雨ごろからうんと生えてくる。実験のために野菜畑で茂らせてみたが、真夏の水やりが少なくて済み、多くの野菜がふつうに育った。小さな雑草は水分の要求量も少なめで、しかも土壌水分の蒸散を防ぐ効果も期待できそうだ。

葉姿

花とつぼみ

無垢に輝くオリエントな笑みは　クルマバザクロソウ

こちらの〝笑顔〟は、ちょっとオリエントの人々のそれに似ている。トルコのイスタンブールの街を歩いたとき、「植物のタネを売っているお店を探しているんですが」と、道行く男性に聞いた。彼はそれこそ輝くように笑うのだが、その説明はチンプンカンプン。彼はほかの通行人に声をかける。その人もまた、という具合でもって瞬く間に人垣と化した。うわあ、困った困った。わたしが持っていた地図の上で、それぞれが違う場所を指して解散。そのときの男女の顔顔顔。日本人の愛想笑いとはまるで違ったこぼれるような笑顔。「神様、わたしたちは困難に遭っている旅人を見事に助けることができました」

クルマバザクロソウは、江戸時代末期に渡来したとされる。その顔ぶれは、市街地や草地などで見られるということになっているが、探すといない。その名の通り、細長い葉っぱを茎のまわりにぐるりと並べる造形にこだわる種族。見慣れぬうちは在来のザクロソウと区別するのがむずかしいほどよく似ている。

ザクロソウは全体に小柄だが、クルマバは大陸系の人々のように大柄に育つ。それだけ花数も多く、見事に結実し、ルージュに輝く種子をゴマンとばらまく。

クルマバザクロソウ　*Mollugo verticillata*

１年生　花期　7〜10月

花びら（萼片）には、ちょっとした特徴（傾向）がある。よくよく見ると、優しいクリーム地の上に、淡いメロン色した矢印模様を浮かべていることに気がつく。彼女たちならではの愛嬌に思え、思わず笑みがこぼれる。

大きく育っても、あくまで背丈は低く、横に広がることが多い。スープが冷めない距離でもって、仲間を増やし、コロニーを築く。まるで次々と通行人を巻き込んでゆく（そして誰もイヤな顔ひとつしない）トルコの人々と同じで、クルマバのまわりにはクルマバたちがたむろする。それでもその数は、在来種のザクロソウには遠く及ばない。きっとそれで満足しているのだ。

さて、なにかとキナ臭いニュースが多いトルコではあるけれど、人の明るさと優しさは格別であった。タネ屋の場所は、結局、みんなよく分かっていないのに、一所懸命に考えてくれたようだ。考えたところで、知らなければ分かりようがないと思うのだが、大事なのは結論ではないらしい。タネ屋の〝候補地〟をそれぞれ訪ねて歩けば、電気屋、お菓子屋、そしてスパイス屋。とほほ……。

断言したあの連中の晴れやかな顔を思い出すと、いっそう笑いがこみ上げる。大柄で、それは嬉しそうに花を満開にさせるクルマバを見るたびに、トルコ人たちの顔がなぜか浮かぶ。※

※クルマバザクロソウの原産地は熱帯アメリカ。現在はほぼ世界中に広がっている

熱帯アメリカからやってきた神出鬼没の道草。道ばたや畑を埋め尽くすように茂っているかと思えば、ちょっと離れた場所ではまるで見ない。茎を取り巻く葉姿がとても美しく、花びら（萼片）のメロン色した斑紋も大変よろしい。

全草

結実と種子

美しき〝出物腫れ物〟

イボクサ

会社の上司がひと晩考えたアイデアというものは、どうしてこう迷惑千万このうえないのだろう。「あなたは考えなくてよいのです。我々で解決します」ともいえない。あるいは、あえていったところでどこ吹く風と、「またいい方法を思いついた」とはじめる。しかも忙しいときに限って！

コメ農家にとっても、イボクサは面倒な相手である。強害性はないものの、小〜中害という中途半端さと、やたらと生えるという迷惑さ。円滑な農作業をこまごまと邪魔するので、たいそう嫌われる。

背丈は20センチほどと小柄で、ササを思わせる小さな葉をひょいひょいと並べる。稲穂が垂れるころ、田んぼへ行くと、イネの株元あたりでわしゃわしゃと茂り、とても美しい小花をたんと咲かせている。花びらは3枚で、優しい丸みを帯びる。白地の上に赤紫のグラデーションが溶けているのも愛らしいが、この花、雄しべの存在感が秀逸なのだ。花の中心部から、いくつか不思議なものが立ち上がっている。大人っぽい青紫色した豆のさやみたいなものがみっつ、淡い藤色したクロワッサンのようなものがみっつ。

イボクサ　*Murdannia keisak*

１年生　花期　8～10月

豆のさや型のものが花粉を出す雄しべ。クロワッサン型のものは〝装飾〟と化しており、花粉を出さない雄しべ。これらすべてが相まって、ため息がもれるほどの典雅《てんが》さとなる。

むかしからヒトは体にできるイボに悩まされる。いぼ地蔵が建立されたり、民間療法が生み出されたりしてきたが、イボクサもそのひとつで、この葉の汁をつけるとイボが消えるといわれた。その科学的な証明は知られていない。道ばたには別名をイボクサという連中がいて、こちらは長くイボや皮膚疾患治療に効果を示してきた。正式和名をクサノオウというが、毒性が強いため、家庭での利用は避けたい。

となれば、イボクサのイボはその効能ではなく、〝出物《でもの》腫《は》れ物ところ嫌わず※〟の腫れ物に近いのかもしれない。農家の大切な仕事の邪魔をし、重労働を強いる迷惑ものであるからだ。しかし水田に水を張りっぱなしにすると発芽しないという性質を持つ。現代農法では田んぼを乾かす期間が長くなったため、各地で大発生し、問題となっている。農薬の使用法も研究が進むなど、イボクサを黙らせる方法はある。

一方で、時と場所を選ばず「考えた結果」を披露する上司を黙らせる方法は、いまだに確立を見ない。せっかく出張におっぽり出したところで、電話やメールで「重要な話が」と来る。イボクサのように、ひとときでもその美しさや優しい空気感でもって、我々を心地よく癒《い》やしてくれるのなら、いくらか辛抱もできそうなものだが。

※屁も吹き出物も、状況にかまわず出るということ

甘く愛らしい花も美しいけれど、イボクサの魅力はなんといっても立ち姿。頼りがいのある太い茎をすっと立ち上げ、槍先のような艶のある葉を幾重にも重ねる。全草は格好のよいフォルムで整えられ、てっぺんに愛らしい花を添えるというセンスが素晴らしい。

葉姿

花

しかして本物はどこへ

チドメグサ

町のインド料理店に入ると、シェフがネパールの人、バングラディッシュの人であることが多い。「おい、インドはどこだ！」となる。以来、国籍は聞かぬように心がけ、「これはインド料理なのだ。きっとそうだ」と思い込むようにしている。

チドメグサは、初学者向けの植物本、一般向けの植物図鑑、食べる野草の本では欠かすことができぬほど有名な道草である。しかしこの種族、いくつかの〝有名な種類〟に分けられておる。ちゃんと区別するのは、インド料理店に入り、スタッフの顔とその身にまとった匂いだけで国籍を当てるようなもの。難易度は、高い。

チドメグサの仲間は、道ばた、田んぼ、そして芝地などで、団扇《うちわ》みたいな葉っぱを絨毯《じゅうたん》のように広げていることが多い。たいがいの植物が、早く、高く、大きく聳《そび》え立つことで、誰よりも豊かに陽光を獲得するという競争にうつつを抜かすなか、チドメグサたちは、それは物静かにぺっそりと地面に張りつくだけ。地に足がついた生き方というよりもむしろ、全身で大地を抱きしめることに喜びを見出している。ここまで徹底すると、こんな世の中でもずいぶんと暮らしやすくなるのだろうか、などと思ってしまう。

チドメグサ　*Hydrocotyle sibthorpioides*

多年生　花期　6～10月

その花にしても、どういうわけか葉っぱの下に隠すように咲かせる。これが美しい。公園の芝生や田んぼなどで目立っているのは、たいていノチドメ、ヒメチドメ、オオチドメ。ノチドメの場合、花穂にある小花の数は10個ほどで手毬《てまり》のようになる。ヒメチドメはほんの数個しかつけず、そのどうしようもないほど〝ちんまい仕事ぶり〟が失笑を誘う。以上の2種類は葉の下に花をつけるが、オオチドメは葉の上で開花するので分かりやすい。

ひとつひとつの花は、その花びらに透明感のあるライム色を浮かべ、その縁にほんのりと赤紫色を添えることもある。これを美しい星形に広げるのだ。綺麗《きれい》な写真を撮るには、這いつくばったあげく、ピントを合わせるのにいささか苦労を伴うが、それに見合うだけの自然美が確かにある。

チドメグサは丘陵や山地の湿った場所に多く、街の側溝にある隙間で暮らしていることも。葉は円形に近く、葉の下で咲かせる花穂の小花は10個ほどで、やはり手毬のようになる。

さて、チドメグサの仲間を〝正確に〟見分ける必要性は、あまりない。むしろ無理に覚えようとする〝苦行〟は、せっかくの愉しい気持ちを台無しにしかねない。それでもわたしのように「俺はインド料理を食べたいのだが、果たしてこれは本当にインド料理なのだろうか……」と腑《ふ》に落ちぬ人は、これを機にちょっとした図鑑を手に取られるのもよいだろう。幸い、チドメグサたちは調べがつく。

地面でマット状に広がるのがチドメグサたちの習性。セリに似た風味があり食用にされることも。この仲間を覚えたいときは“初夏の花の時期”がお勧め。花穂にある花の数と花をつける位置がポイントになるが、まずは花の可憐さを堪能してみたい。

ヒメチドメ

ノチドメ

オオチドメ

アウェイで錦を飾ってイエイ

コニシキソウ

土を耕すと、いつの間にか棲みつく顔ぶれである。前項のチドメグサと同じく、地べたにぺっそりと張りつくように広がる小兵《こひょう》で、立ち上がることは滅多にない。氷の結晶がジワリじわじわとその手足を伸ばすように、まったく気づかぬうちに大きく広がっている。

小錦草と書き、葉の渋い色彩と、茎の鮮やかな赤のコントラストが錦の美しさに見立てられた。小さくてぺったりしているのに、庭園や畑における存在感は異様なほど〝いかがわしい〟。除草に汗する者からすれば、錦どころか「大きなムカデが折り重なってうねってのたうちまわって」いるようにしか見えず、温厚なご婦人ですら「徹底駆除すべし」といった戦闘態勢に駆り立てられる。

北アメリカを故郷とする帰化種で、この取るに足らぬ小兵がいかにして日本全土を制覇できたのか不思議に思う。除草をしたとき、まず驚くのが根の弱さ。地上部が大人の手の平まで大きく広がっていても、根っこは驚くほどコンパクトで弱々しい。はなから抵抗するつもりがないのか、無抵抗非服従を地でゆくような生きざまである。これは在来の小さな雑草たちにはあまり見られぬ戦略でおもしろい。さらに奇抜なのが花である。

コニシキソウ　*Euphorbia maculata*

１年生　花期　6～9月

見た目では開花しているのかどうかすら分からぬほど、ちんまい花をつける。「全身が成熟してから開花する」というステップを踏むのが植物たちの正攻法のはずだが、コニシキソウは幼いころから開花をはじめ、生きている間は延々と新しい花を咲かせ続ける。根張りも弱く、体躯《たいく》にも恵まれぬ小兵でありながら、常に咲き誇ることが叶う人生であるならばこれほど羨ましいことはない。しかも連中は強力な〝花嫁介添人〟にも恵まれる。

その名をアリンコという。さながら新宿や渋谷の地下迷宮を行き交う人々のように、数え切れぬほどのアリンコたちが、立体交差する茎葉の上を闊歩《かっぽ》する。大切な花嫁に悪い虫がつかぬよう排除しつつ、ささやかな花蜜や種子を独り占めする。花嫁は結実を約束され、種子散布まで助けてもらえる。本人自身の生存競争力は低くとも、ユニークなアイデアと素晴らしい出遭いによって、ついに我が国で天下を取った。もしもアリンコたちがコニシキソウに目もくれなかったら、ここまで生息域を広げることは叶わなかったのではなかろうか。両者の出遭いそのものが〝有り難い奇跡〟であり、そのお陰で我らガーデナーは〝有り難いほどの腰の痛み〟を味わえることとなった。

よく似た帰化種がいくつも入国を果たしている。ちょっと珍しいのがコバノニシキソウというもので、これが大変美しい。なかなか見つからないけれど、荒れ地や駐車場の隅にひっそりと棲んでいる。そして在来のニシキソウも忘れてはならぬだろう（次項）。

草むしりの難敵、コニシキソウ。除草は簡単だが、その数が尋常ではない。茎をちぎると白い乳液がほとばしる。皮膚につくと炎症を起こす場合があるのでグローブの着用を。コバノニシキソウ（写真下段）は葉が寸詰まりの楕円形でとても小さく、結実に毛がない（コニシキソウの結実には短い毛が密生している）などの違いがある。

コバノニシキソウ　*Euphorbia makinoi*

祖国で錦を飾れぬ過酷

ニシキソウ

日本の山野や市街地には、在来のニシキソウたちが棲んでいる。雰囲気は帰化種たちとまるで違い、シンプルな優美さを誇り、見つけたときの感動はひとしお。問題があるとすれば、その気性と希少さであろうか。相当な気まぐれ屋である。

図鑑では「北海道を除き、全国広くに見られる」とあるが、出遭える機会はそうあるものではない。なによりも難儀するのが見分け方。実物に出遭うまで、わたしもさんざん間違えたクチである。

写真入りの図鑑では「葉の斑紋」が注目される。コニシキソウの場合、葉の真ん中あたりに暗い紫色の筋模様がハッキリと浮かぶ。対して在来のニシキソウは、これが非常に薄く、ほとんど目立たない、と解説される。だが実際には、斑紋が薄くて目立たないコニシキソウや、よく似たほかの帰化種が入り乱れ、かなりイライラさせられるのだ。しっかりした図鑑であれば、写真や解説文を頼りに、多くの植物を見分けることができる。ところがいくつかの種族には、「図鑑ではよく分からない」というものが確かに存在し、ニシキソウはその代表種。もっとも間違いないのは専門家にガイドしてもらうことである。

ニシキソウ　*Euphorbia humifusa*

１年生　花期　7～10月

無理を承知で解説するならば、左ページのように「ややしっかりと立ち上がり」、「葉はまばらで」、「葉色が鈍いグレーがかり、茎の赤色が澄み、そのコントラストが明瞭なこと」。ひとまずこれでアタリをつけ、あとで細かい点を図鑑で調べればよい。

結実（蒴果）の表面に毛がないのも大きな特徴である。駅前の花壇や側溝の隅などにも棲みついているが、あえなく除草されて消える。いまでは絶滅危惧種になってしまった。

同じように茎を大きく立ち上げ、結実にまったく毛がないものにオオニシキソウがある。北アメリカ原産で、全国広く、あらゆる場所に棲んでいる。在来のニシキソウとの違いは、オオニシキソウの葉の表面には赤い斑紋がよく目立つこと。全体の葉を眺めて、斑紋が浮かんでいれば本種であろう（やや細かくいえば、オオニシキソウの葉はギザギザした鋸歯《きょし》がハッキリ出ている。在来のニシキソウはほぼ丸っこく、鋸歯は微細）。

オオニシキソウはその名に違《たが》わず、とても美しい。花も目立ち、晩秋に紅葉する花の姿はひときわ心を惹かれる。庭園にまぎれ込んでも植栽植物に劣らぬ美と存在感を持つので、たまに見逃してやったりする。もれなく殖えるが、大きく育つため除草は簡単。

なかなか出遭うことができなくなった“雑草”のひとつ。それでも駅前商店街や花壇の植え込みなどでひっそりと暮らす美麗種。オオニシキソウ（写真下段）は大いに殖えている帰化種。大きく立ち上がって茂るところが特徴で、裸地では大群落となる。ただの雑草と呼ぶには惜しいほど美しく、初冬の紅葉はまさに錦のごとくお見事。

オオニシキソウ　*Euphorbia nutans*

言の葉にのらぬ〝品格〟

ヤエムグラ

葎《むぐら》という字は、広く生い茂るという意。それが八重に茂るものだから八重葎になったが、これは日本人らしい、とても控えめな矜持《きょうじ》からくる命名であろう。実際には十重二十重《とえはたえ》に茂るのだから。

荒れ地や道ばたでよく見る種族であるが、その均整が取れた風雅な佇《たたず》まいと愛嬌《あいきょう》は、長く付き合うほど味わいを増す。細く伸びた葉を6～8枚、茎をぐるりと取り巻くようにつける。本当の葉っぱは2枚だけで、残りの葉は托葉が変化したものとされる。茎や葉には微細なトゲを密生させ、触るとザラザラする。マジックテープのような感触で、実際あなたの衣服にひたりとくっつく。

たいがいは大きな群落を築いて暮らしており、やや大きく茂るようになるとお互いのトゲで絡み合い、もつれ合う。小兵のくせに荒れ地で生き残れるのは、この小さなトゲが貢献しており、ほかの植物に抱きつくことで陽光のおこぼれにあずかろうという算段である。

立ち姿それ自体が凛《りん》とした優雅さを持つが、楚々とした小花がまた愛らしい。目を凝らさぬと見えぬような花をちょんちょんとあしらって満足する。

ヤエムグラ　*Galium spurium* var. *echinospermon*

1年～越年生　花期　5～6月

なにしろ4枚の花びらは、すべて黄緑色。全草の明るい緑とかぶってよく分からない。花を隠蔽《いんぺい》してどうしようというのかと思うのだが、目が慣れると意外な美しさに驚く。ほかの生物たちにはこれで十分なのかもしれない。なにしろ開花の効果は絶大で、多くが結実する。これまた小さい実で、ふたつのたまっころをギュッと抱き合わせる。そこを通った誰かに、音もなくひたりとくっつく。通りすがりのあらゆる動物を利用して子どもたちを世に送り出している。使えるものはすべて使い倒す、という人生哲学である。

丘陵や低山ではキクムグラを愉しんでみたい。こちらは道ばたなどにひょろりと生え、たいがいは横っちょに倒れている。ほぼ全国に分布し、小さな丸っこい葉っぱを4～5枚ほど輪生させる姿がこよなく愛らしい。葉をつける場所が飛び飛びになっているため、ほとんど茎だけに見えるのに、不思議なほど愛嬌がある。花は純白で、ヤエムグラより大きく、まとまってつくのでよく目立つ。どう見ても、地味でひ弱な道草であるが、研究仲間の間では、キクムグラを見つけるたびに、どういうわけか思いつく限りの賛辞を贈るのが通例である。考えてみるとずいぶんとおかしな話で、キクムグラには野辺の花々を凌《しの》ぐ華やぎや珍しさはまるでないのだが、我々はたぶん、言葉にならぬ〝品格のある雰囲気〟に魅了されているのやもしれぬ。

ヤエムグラには多くの仲間がいる。お好みの種族を見つけ、その品格を愉しんでみたい。

ヤエムグラの仲間は、いずれもフォルムが繊細で格好よく、新芽の時期から紅葉まで長く愉しむことができる。一輪挿しや小さな野草の花束にしても個性が際立ちとても美しく仕上がるが、とりわけ結実の時期と紅葉の時期に摘むと、動きや奥行きの演出が深まっておもしろい。

ヤエムグラの紅葉。

キクムグラ　*Galium kikumugura*

桃色の夢、広がりて〝ぼーん〟

ハナヤエムグラ

調べ物をすべく、久しぶりに手にした分厚い専門図鑑。これをぱらぱらとめくっているうちに「あっ！」。そうだ、どうして忘れていたのだろう。とにかく遭いたい、なんとしてもこの目で見たいと切望していた美人さんであるのに。

図鑑の隅っこに、小さく掲載されたその写真だけでも、信じがたい輝きを放っておる。ヤエムグラの仲間では、ちょっと考えたこともない可憐な姿。穴が開くほど見惚《みほ》れた。

東京、横浜、大阪、神戸……ハナヤエムグラを見るために、各地を転戦。それが近所の造成地で見つけたときには、またしても「ああ！」。

よく見かけるヤエムグラより、ずっとコンパクトで、葉の数も4枚ほど。長さも短い。これがすっと立ち上がり、ヤエムグラのように密集することはなく、ばらけたコロニーをこさえる。いよいよこれが開花した姿は、もう、たまらない。白色のキャンバスに、優しくも淡い桃色をすっと溶かしたような色彩の花を、ややまとめてつける。もしも10や20が花穂となって咲き誇れば、園芸種のように脂っぽくなったであろうが、本種はあくまで3〜4輪という絶妙なバランスで咲かせるところが〝よくできた子〟である。

ハナヤエムグラ　*Sherardia arvensis*

１年生　花期　5～8月

ヤエムグラの系統で、花色にうっすらとでも桃色がのるだけで、見違えるほど美しくなること自体にとても驚かされた。

ハナヤエムグラは、ヨーロッパ原産の帰化種で、北海道から四国に広がっているといわれる。実際に歩いてまわると、生息地はいまのところとても限られているように思われる。沿岸地域には比較的多く見られ、内陸部では少なめだが、土地の造成がはじまり、他所から土砂が持ち込まれたような場所では、内陸でも地味に広がりを見せている。

定着が初めて報告されたのは1961年、千葉県である。かれこれ60年が経過したというのに、探してもそうそう見つかるものではないところを見ると、その気性、なかなか気難しいところがあるのか、あるいは日本の豊かで複雑な環境に手を焼いておるのか。

「実が完熟したころ、また来る」と約束し、その場をあとにする。家に帰って調べ物をはじめるや「うわぁ！　フシネキンエノコロの追加標本を採りにゆかなくては」「ああ、今年もバラモンジンの花を撮るのを忘れておった」。こうしてたくさんの忘れ物を思い出し、新しい忘れ物を増やしてゆく。この痛ましい自転車操業を余念なく繰り返しておれば、近所の寺から除夜の鐘がぼーん。うわぁ……。ハナヤエムグラのタネ……。

住宅地の花壇の隅っこや駐車場のまわりなどにいつの間にか棲みついている。あまりにも可憐なため「誰かが植えた園芸種」と思われがち。生息地は拡大の一途をたどっているが、実害はいまのところ知られていない。庭先にやってきたら、いっそ育ててみるのも愉しい“研究”となろう。日本での生態は、まだよく知られていない。

花

結実

スミレが灯す〝道〟の先へ……

スミレ

井の中の蛙《かわず》、大海を知らず。されど空の蒼さを知る。
井戸の中で過ごすカエルは、広い世界のことを語ることができない。けれども同じところで長く過ごしただけに、空の素晴らしさはよく知るところとなる……。そんな話を聞いて「ああ、素敵ですね」と思いはしたが、はて、と頭をかいた。その由来、わたしが好きな『荘子』の一節ではなかったか。すると後半がまるで違うのである。

さて、春の草むらや道ばたにて、格別に気高く咲き誇るのがスミレたち。漢字で書くと〝菫〟で、その字の成り立ちは「小さな草」を表現するようだ。なんとも曖昧《あいまい》であるが、スミレという読み方も、大工道具の墨入れから来たという説、戦争の旗印の隅入れに由来する説など、いくつもあって定説を見ない。あげく『増補 字源』（角川書店）によれば、〝菫〟はトリカブトを指す場合もある。古典を紐解《ひもと》くとき、文意を読み誤って両者を取り違えたら大変である。

とはいえ、もっとも厄介なのはスミレそれ自身である。身近には驚くほどたくさんの種族が棲みついているもので、色彩から愛嬌までまさに十人十色。花の季節も時を追うごと、種族ごとに、次々と移ろいゆくため、これを訪ねて歩く旅は最高に贅沢《ぜいたく》なひとときになる。

スミレ　*Viola mandshurica* var. *mandshurica*

多年生　花期　3～6月

どのような種族がおるかというと、『増補改訂新版 野に咲く花』(林弥栄ほか)、『増補改訂日本のスミレ』(いがりまさし)があなたの旅路を助けてくれる。スミレは知るほどにおもしろく、深みにはまりやすく、桜が咲いても「へえ、そう」と、草むらをのぞくのに忙しくなるほど。なにしろスミレたちのおすまし顔は、地域ごとに大きな変化を見る。大きさ、色彩、形態が変わるため、探すほどに「こんなデザイン、見たことない」という顔が次々と出現する。たいていは『日本のスミレ』に掲載されておるであろうが、著者のいがりまさし氏は「地方のスミレの分布や生態はまだまだよく知られていない」と記す。

スミレたちは、もともと花粉のやり取りを通じて雑種をこさえやすい。だから身近なスミレであっても、ほかのスミレや園芸種と交雑して、ビミョーな顔が殖えてゆく。「そうはいっても、所詮《しょせん》はスミレだから」と軽く考え、さんざん間違えて赤っ恥を重ねたことがある。まさに井の中の蛙がスミレの大海を思い知った次第である。

さて、「されど空の蒼さを知る」は、原典の『荘子』にはない。「曲士(正しい考え方ができぬ者、あるいはとても優秀な者)は、それまでの〝教え〟に縛られているため、〝道〟について語り合うことができない」と続く。スミレでは、いささか恥をかき過ぎて背中を丸めておったが、これを思い出すと、知識に縛られず、素直にスミレを愉しむ〝道〟もあるか、と。翌春が、待ち遠しい。

ヒメスミレ

ニョイスミレ

コスミレ

ニオイタチツボスミレ

市街地や住宅地で
見られる美麗種

タチツボスミレ

ノジスミレ

アリアケスミレ

アオイスミレ

けだしょっぱい春の巫女

シュンラン

口惜しいことをした。これを味わうにはあまりにも若過ぎたのだ。

春の道ばたを飾るこの妖艶なランは、町の雑木林、丘陵、低山の道ばたに姿を現す。まるで、「春の宴《うたげ》がいよいよたけなわになる」と知らせに来た巫女《みこ》さんのよう。早春に咲く花として、その佇まいは畏敬《いけい》の念を覚えさせるには十分なほど神妙である。

葉には濡れた艶があり、これを放射状に幾重にも広げる様子が、その自尊心の高さを感じさせる。ここから花茎をほんの少しばかり伸ばして、あくまで葉の合間に隠れるように、透明感をたたえ、物静かな華やぎに満ちた花をいくつも咲かせる。いまだ冷涼な風が頬を撫でる樹林の中、ほのかな温もりをもたらす春の木漏れ日がシュンランを照らせば、その妙なる輝きに息を呑む。ここに、森羅万象の神々の使者を連想するのは、日本人としてごく自然であるかに思われる。

ただ、うっかり採集しないよう、ご用心のほどを。いまでは各地で絶滅危惧種となり、保護の対象とされたため、シュンランの数よりもずっと多くなったのが、目を吊り上げて監視する方々である。

シュンラン　*Cymbidium goeringii*

多年生　花期　3～4月

いまから40年前なら「とても採り切れやしない」というほど、そこらじゅうで群舞していた。そうした地元の人々は、好きなだけ採集し、塩漬けなどにして、お茶や料理に入れて春の到来を喜んだ。それだけ採っても、翌年にはまた花畑が出現する。

このような大自然との交流が、むかしから長く営まれてきたわけで、地域によってはそんな愉しみが現代に引き継がれている。これは大変羨ましい。わたしのフィールドでも別段珍しくもないくらい、うじゃらかほいほいと開花していたが、いまでは滅多に見つからない。原因は環境の変化ではなく、おもに換金用に採集され続け、目についたものは花どころか根こそぎ盗掘されてしまうため、跡形もない。各地で同じ悲劇が繰り返され、地元の人でさえ春の蘭茶《らんちゃ》を愉しむことが叶わなくなった。実に口惜しい。

この春の蘭茶というもの、有機農家の方に馳走《ちそう》してもらったことがある。「シュンランの青白い生首が恨めしそうに浮かぶ、しょっぱいお湯」といった感想を述べたところ、「あんたって男は、まったく……」と顰蹙《ひんしゅく》を買った。若いころであったがゆえで、いまならより味わい深く愉しめたのではなかろうか。口惜しさが募る。

それ以後、二度と口にする好機に恵まれない。

写真のように身近な公園や雑木林の道ばたで咲いているが、気がつく人は少ない。別名ジジババは、花の上部、黄緑色した部分が「お婆《ばあ》さんのほっかむり」を思わせ、その下からぺろんと出した白い花びらが「お爺《じい》さんのひげ」に見立てられたという説がある。むしろ花茎を仲睦まじくセットにして伸ばすことから、「年を重ねるほどに仲よく幸せに暮らせますように」という先達たちの祈りであったようにも思える。

香水使いのぽんぽんたち

ヒメクグ

丸っこい花穂をぽちょりとのせて、そこから3本の光の航跡を放つかのごとくシャープな葉を伸ばす（葉のように見えるものは苞《ほう》と呼ばれる）。田んぼのあぜ道や公園の草地などで群れて暮らすが、草刈りのお陰で10センチにも満たず、目につかない。

友人の中には、付き合いが深まるほどにその魅力も増してゆく人がいる。ヒメクグや、その近縁のカヤツリグサの仲間たちはまさしくそれだ。見るほどに手の込んだ建築美術に「そう来ますか」と心底驚かされる。

草地であると、ヒメクグたちは5～10センチほどのミニサイズで満足しているように見えるが、本来は30センチほどまで育つ。これを見つけたら、てっぺんにのせている緑色のぽんぽんを指先で揉んでみたい。あなたの指には想像もしなかったであろう甘い香気が移っているはず。よくいえば最高級のココナッツオイル、悪くいえば真夏の湘南の砂浜に漂う、安っぽいサンオイルのぬるぬるねとねとが若者たちの体温で生ぬるくもむわっと……。

カヤツリグサの仲間は花粉を風に乗せるタイプが多い。小動物を魅了するための華美なお洒落には目もくれず、いかに季節の風に花粉を乗せるか、その均整美を精緻に追求する。

ヒメクグ　*Cyperus brevifolius* var. *leiolepis*

多年生　花期　7～10月

このストイックな設計者が、なにゆえ甘い香気を身にまとうようにしたのか、不思議で仕方がないが、ひょっとすると、この仲間を美味しい食材とみなすバッタたちを遠ざけるのにひと役買っているのかもしれない。

芳《かぐわ》しいぽんぽんからは、3～5本のシャープな苞が虚空に流麗な弧を描く。シンプルだが実にセンスのよい造作である。たいがいの苞は、草刈りを受け、ちぎれ、色あせている。しかし、少し離れた場所では、完璧な〝由緒正しきヒメクグ〟が草刈りをまぬがれており、これがたまらなく綺麗なのである。

このぽんぽん、丸っこいものだけでなく、やや上に伸びたものが交ざっている。ヒメクグが成長したのではなく、変種のアイダクグである。ぽんぽんが上に伸びず、ほとんど球形のものもあって、ルーペがないと識別できない。もちろん識別する必要性はまるでなく、いつも通りに草刈りをし、野辺を歩くのが精神衛生上、大変よろしい。しかしながら「自然美の不思議を堪能してみたい」と思い、アイダクグの見分け方にご興味を持たれたら、左ページをご参照いただきたい。この微に入り細を穿《うが》つ世界に慣れると、よく見知っていたアイツにも、こんな繊細さがあったのかと、いっそう大事に思えてくる。かくいうわたしも、アイダクグの存在は、長池公園（東京都八王子市）の小林健人副園長から教えてもらうまで、まったく知らなかった。世の中、すごい人がいるものである。

田んぼや草地で群れていることが多く、しばしば芝生に侵入しては芝生愛好家らから不評を買っている。フォルムが風変わりで愛らしいことと、甘い芳香があるので好事家が育てることも。よく似たアイダクグ（写真下段・右）が交ざっており、矢印部をルーペで見たとき、縁がギザギザしていたらアイダクグ（ヒメクグはツルッとしている）。

もつれるように伸びるヒメクグ。

アイダクグ
Cyperus brevifolius var. *brevifolius*

〝乙女心〟の残像

ヒデリコ

ヒデリコは、とても可愛い。そう思うのは自分だけかと思いきや、初秋、とあるご婦人にヒデリコを差し出したところ、それはもう目を輝かせて大喜び。ほほう、意外にいけるのかと思い、調子にのって原稿を書く。

ぽちょぽちょした丸っこい花穂が、野辺でふわりと広がる様子は、まさに牧歌的。ちょっとしゃがんで秋の陽ざしに透かして見れば、滲んだ背景からすうっと浮かんでくる立ち姿が、とても風雅で愛らしい。

日照子《ひでりこ》と書くが、真夏の陽ざしにも負けず、元気よく育つ小さな植物という意。その風変わりな語感と漢字の雰囲気、さらに小さな豆をばらまいたかのような花の姿のどれもが、わたしたちの頭の中では、もはやヒデリコ以外の何物でもなくなってしまう。ところが、植物をよく知り、ヒデリコを数え切れぬほど見てきた人であっても、間を置くと「なんだっけ、これ?」となるのはよくある話。そもそもヒデリコを覚えなくても不都合はまるでなく、むしろ覚えたところで得がない。「まあ、なんて可愛らしい。で、なんだっけ?」が健全。

田んぼや湿った草地でふつうに出遭える。たいがいは大家族で暮らす。

ヒデリコ　*Fimbristylis littoralis*

１年生　花期　7~10月

全草のすべてがシャープな線で構成され、細身の剣を思わせる葉を放射状に広げる。この葉っぱ、よく見ると上半分が内側に折りたたまれ、くっついている。これ、アヤメの仲間に見られる変わった特徴のひとつで、それ以外では滅多にない造形である。※こういう情報に植物屋は「ええ、どうして？　うわぁ、本当にそうなっておる！」とおもしろいほど興奮するわけであるが、みなさんは「いらない情報をどうも」と目を細めつつ、暑苦しく語る植物屋を観察して愉しむ、というのが正しい自己防衛法となる。

この剣状の葉が茂る中心部から、茎をいくつも立ち上げ、その先っぽに丸っこい玉っころをばらまく。これが花である。大変地味ではあるが、群落になると視界一面がカスタード色に染まるほどで、それはもう見事。

名前の印象では、強い陽ざしがたいそうお好きに思えるが、その姿をよく見れば、どうやらそうでもなさそうだ。株元からすーっと伸ばした美しい葉、そのフォルムはほとんど〝線〟である。見るからに「夏の海が大好き！　でも日焼けするのは絶対イヤ！」といった難儀な乙女心のようなものが透けて見える。陽に当たる表面積をこれでもかと減らすことに腐心したあげく、葉っぱまで折りたたみ、女性誌モデルも遠く及ばぬほど見事な細身を獲得した。そのように見える。実に涙ぐましい努力。やればデキルコである。

※ヒデリコは、アヤメの仲間ではなく、イネ目カヤツリグサの仲間

田んぼや湿地など、湿った場所で大家族で暮らすことを好む。目立った話題や華やかさを持たぬが、まわりの情景と一緒に眺めれば、そのユニークな姿と色彩に思わず頬がゆるんでくる。彼女らが暮らす場所は、たいてい多くの植物が育っており、華やかな種族のそばで彼女らが舞えば、途端に心がほどけるような風景へと一変する。

涙の真珠

テンツキ

ヒデリコと同じように、身近な田んぼや湿った道ばたでよく見かける種族。テンツキという軽快な名は〝点突〟と書く。「花穂の先っぽで点を描けるから」という説もあるが、花穂が天を衝《つ》くような様子から〝天衝〟とする説もある。いずれにせよ愛らしい命名で、口を衝くほどに愛着が増してゆく。しかし「イトハナビテンツキの優しい美しさたるやもう」だの「クロテンツキの渋さはもはや極まっておる」など、テンツキテンツキと身をよじって興奮する植物屋の姿は、この世のものとは思えない。

植物や野草が好きな人でも、道ばたでテンツキたちが群れていても、まず気がつくことがない。気づけというのが酷、というほど地味丸だし。

ほっそりとした茎の上に、ペン先のような丸っこい花穂をいくつも散らす。色彩も果てしなく地味な茶褐色。ところがである。絵に描いたり、写真で上手《うま》く撮れたりした場合、草の香りや季節の風まで感じさせるような作品になるのだから不思議である。テーブルフラワーに合わせても、ドライフラワーの素材にしても、そのユニークで愛嬌のある姿は遊び甲斐もたっぷり。もちろん、そのあまりにも個性的な容姿から、使う人のセンスが試される。

テンツキ　*Fimbristylis dichotoma* var. *tentsuki*

１年生　花期　7〜10月

なんということもない、路傍の石ほども目に入らぬテンツキであっても、ひとたび気がつくと、たちまち魅了される人は少なからず。とりわけプロのアーティストやクリエイターの方々は、強い興味と愛着を示すからおもしろいものである。地域や環境によって多彩なテンツキたちが棲んでいるという事実は、自然美の造作に敏感で、収集癖のある方々には朗報であろう。「ふつうのものはもういい。誰ひとり気にもしない、集めもしないものがいい」といった芸術肌の人には、もちろんテンツキ探しの旅をお勧めする。全国の亜高山から海岸に至るまで、広く分布する。あらゆる旅路で愉しめるほか、その周囲には珍しい絶滅危惧種などが同居しているのだ。

さらに人知れぬ愉しみとしては、種子である。身近にいるテンツキの花穂をひとつ、野辺から拝借して白い紙の上に置く。爪先などでこれをほぐすと、小さな種子がいくつかまろび出る。これをルーペでのぞけばハッとなる。さながら真珠のごとき白い光沢をたたえた涙のよう。その柔らかな曲線と、その表面に刻まれた美しい網目模様のレリーフ。

外観からはまるで想像もつかぬ自然美は、そこここに隠されている。植物たちが織りなす美や技芸の奥深さに、思わぬ感嘆を誘われる。

田んぼや水辺のそばでごくふつうに遭えるテンツキ。穂先が丸っこかったり、小さかったりするものは、なぜだかとっても愛らしく映える。クロテンツキ（写真下段・右）は、同じ環境に棲むが、滅多に遭えない種族。穂先が短い楕円形で、色彩も渋く落ち着いている。穂先の下に毛がないのが大きな特徴（テンツキは有毛）。

テンツキの穂先の下には毛がある。

クロテンツキ

Fimbristylis diphylloides

あなたへの天啓

ナギナタガヤ

これにウットリするようになったら、そろそろ職業を変えたほうがよいかもしれぬ。

ナギナタガヤは、庭先や公園などでよく見られる雑草のひとつ。地中海世界から招聘《しょうへい》された帰化種で、強害草たちの侵入と蔓延を防ぐファイアウォールの大役を果たしている。どこまで果たしているのかは、連中の時々のご機嫌によるとしても。

その姿をひと言で表せば〝風と光をはらむ〟。草丈は30センチほどと小型で、大きく育っても50センチくらい。造形があまりにも繊細であるということはつまり、ふつうの人の目に留まることがない。公園のそこらじゅうに生えていても、「おお、相変わらず典雅であるな。今日という日の陽の光を、諸君は実に美しく抱いておるぞ」と、暑苦しいほど感嘆し、地べたに座り込んでシャッターを切る人を、幸いなことに、いまだ見ずに済んでいる。

その名は細長い花穂を薙刀《なぎなた》に見立てたもので、別名はネズミのしっぽ。英名もRat's-tail（ネズミのしっぽ）。学名の種小名*myuros*もハツカネズミのしっぽ。この時点の花穂はまだ閉じた状態で、あくまで開演準備の段階。それが時を経るにつれ、尖鋭な小穂をはらりふわりふわと広げてゆく。オンステージはここから。

ナギナタガヤ　*Vulpia myuros* var. *myuros*

１年～越年生　花期　5～6月

背筋も正しく、すっと立ち上がった花穂が、おだやかな晩春の風に音もなくそよげば、木漏れ日の下で、5月の陽光にきらめき、瞬いて。ナギナタガヤは小さな群落で暮らすため、そこらじゅうで美しい無音の輝きが小波がごとく広がり、その得もいわれぬ神秘的な情景がいやに心に沁《し》みるのである。いま自分が立っている広大な景観の一部としてこれを見たとき、「あっ！」と思った方は、速やかに芸術家、園芸家、文筆家など、クリエイター稼業に転向されたほうがよろしい。そのセンスこそ天恵である。

もっとも、うっかり平安時代の貴族邸のイメージが喚起されてしまった方は大変である。当時の我が国において、もっとも風雅な庭造りは、自然界の荒れ地を庭先で再現し、四季の移ろいを心ゆくまで鑑賞するものであった。華美さではなく、分かりやすさでもなく、ただただ身近な自然世界で広げられる生と死と再生を、あるがまま、心で味わうといった所業である。ナギナタガヤなどのイネ科、カヤツリグサ科（とりわけスゲ属）などに強い興味を持ち、視界に入るすべての景観と重ね合わせて愉しむことができる人は、そのセンス、もはや常軌を逸しておる。芸術の道に進むのではなく、速やかに世俗から離れ、わたしたちを心の平安へと誘う指導者となるべきである。心の準備はできたでしょうか。

ナギナタガヤは生命力が旺盛で、その力量を買われ“雑草防除の目的”で全国に植栽される。彼女らが元気に茂る領域ではほかの雑草が極めて少ないのは確かである。もちろん持ち前のド根性を発揮し、彼女ら自身が雑草化していることはいうまでもない。それは人間が広げたもので、彼女らは悪くない。ただただ美しく茂ることを本懐とするのみ。

反骨魂、進撃のしっぽっぽ

ネズミノオ

鼠《ねずみ》の尾と書くが、もう見たまんま。イネ科の仲間で、とにかくもう地味。にもかかわらず、名前と姿が見事なほど一致するため、ひとたび見たら忘れられなくなる、へんな逸品である。

そのへんの道ばた、草むら、公園の裸地など、どこにでも。大都会に棲んでいるネズミたちとは違い、ネズミノオは日がな一日、そこらじゅうにおるが、まるで目につかない。それがひと株でも見つけようものならば、あなたはすでにネズミノオに包囲されていることに気がつき、ギョッとする。「しっぽっぽが、こんなにたくさん……」。秋の風に、長いしっぽをそれは愉しそうに振りまわしているが、これも大事な仕事のひとつ。

ネズミと同じく、大家族で暮らすことをとても好む。これほど地味で、すべてが〝線〟で構成されるほど華奢であるのに、その生命力の強さには目を瞠《みは》るものがある。とりわけ驚かされるのが、彼女らが好む住環境である。

草地でも多く見られるが、こうした場所はほかの種族にも人気があるため、近所付き合いにはひどく難儀する。細くて華奢なネズミノオは、速やかに追い出されてしまう。

ネズミノオ　*Sporobolus fertilis* var. *fertilis*

多年生　花期　9～11月

彼女たちは一計を案じ、しょっちゅう草刈りが行われ、車輪や靴底が頭の上から降ってくるような〝道ばた〟に居を構えることにした。本来であれば1メートルくらいまで育つことができるが、厳しい場所に身を置くため、その半分以下くらいが関の山。その代わりスズメノカタビラ（168ページ）と同じく、丈夫な体を手に入れようとがんばった。世間から叩かれるたびに、その身を縮め、息を潜めつつも、その心身はますます反骨に溢れ、強靭《きょうじん》になる。刈られて踏まれるたびに、自分の仕事をはじめからやり直す。

無事に実りの秋を迎えれば、澄みわたる蒼天に、喜びのしっぽをピンと上げる。風にそよぐ、その姿がとても愛らしく映るのは、あまたの苦難を乗り越えたという、彼女たちならではの〝満足〟が伝わってくるからであろう。

晩秋、道ばたの巣にいる彼女たちは、新しい仕事に取り掛かる。采配《さいはい》は振らず、しっぽを振る。すぐそこにある〝あの懐かしき草むら世界〟へと、子どもたちを冒険に出す。秋風に、しっぽをふりふり、タネを蒔く。その姿は、レミングス※の大移動を思い起こさせるほど。ネズミノオたちは、やはり諦《あきら》めることを知らぬ。愚直なほど、どこまでも真っすぐな性格の持ち主で、いつか草むらに楽園を築こうと、果敢な挑戦を続けるのだ。

草むらでは、近所付き合いに疲弊したいくつかの大家族がすでに姿を消している。このわずかな隙間に、運よく掘っ立て小屋のような巣を築いたしっぽたちがいる。さあ、今度はどうだ。

※レミングとはタビネズミのこと。殖えると集団で移住することで知られる。川を渡ることがあるためか、海中にも突き進んで集団自殺をするという伝説がある

見た目は華奢だが“反骨精神”は筋金入りのネズミノオたち。道ばたでごくふつうに出遭う顔ぶれである。花穂の色と形には微妙なバリエーションがあり、花穂が緑系のものをネズミノオ、やや紫がかったものはムラサキネズミノオとして区別される。この変化は連続的で「両者を区別しない」という学説もあり、本書はこれに従っておく。

緑色のタイプ

紫色のタイプ

幸せのありか

植物を見る人々

新幹線ほど罪作りな乗り物はない。

わたしも講演や取材のため、新幹線を利用する機会があるが、なんとはなしに景色を眺めておると、突如、飛び降りたい衝動に駆られ、思わず小窓にしがみつく。

植物を研究していて、かつ、移動が多い人に聞いてみると、「静岡とか岐阜あたりですよね。わたしも何度、飛び降りたくなったことか」。やはりそうでしたか、そんな気がしていました。

どういう場所かというと、河口そして田んぼである。植物屋を唸らせるか黙らせるには、とにかく田んぼに放てばよい。丸一日どころか数日くらいは飽くことなくイノシシのように地面を嗅ぎまわり続けるのだ。田んぼは生物相がとても分厚く、しかも土地ごとにまったく違う生き物たち

2019年10月、埼玉県

2019年6月、神奈川県

2014年5月、埼玉県

が育まれる楽園。雑木林や丘陵が近くにあればなお素晴らしい。

街中であれば、駐車場、資材置き場などは相当に魅力的な展覧会場である。線路沿いや踏切のまわりもたまらない。見慣れぬ植物がひょいひょいと顔を出す名所なのだ。

たとえば仲間で集まり、さあ観察に出かけようとなる。お互いの近況などを話しつつ、ひたひたと歩いてゆく。つと駐車場に差し掛かるや、無言のまま、ばらけて散らかる。

空き地があると、クモの子を散らす。雑木林の斜面を見つけると、アリのように上へ上へと、四つん這いになって土をかく。申し合わせたわけでもないので、てんでバラバラに。「あのアザミ、ちょっとおかしい」「そっちの総苞《そうほう》、どうです?」「そちらの葉の付け根とトゲの様子は?」「根生葉《こんせいよう》ってありました?」。それはもう呆《あき》れるほど手際よく。

これを終日続け、「幸せ過ぎる一日だった」と熱い視線を交わし、別れを告げる。甚《はなは》だバカである。

2019年4月、千葉県

2018年10月、神奈川県

2019年5月、神奈川県

自然の世界に、少しずつでも目が慣れてくると、すぐに「おや？」と思うことが増えてくる。そして手持ちの図鑑で調べてみても、分からないものがなんと多いことか。

実際に観察をはじめると、すぐに「本で読んだのと違うじゃないか」と思うものである。わたしたちフィールドワーカーは、いつもそれを感じている。書物を地面に叩きつける代わりに、「ひょっとして、ここも違うかも」と、より深く読み込み、実際にこの目で確かめてやろうと目論む。それが高じて「見ることができるものはすべて、見たい」という強欲に駆られるも、わたしなどはひどく貧乏なため、金のかからぬ近所を徘徊《はいかい》するようになる。

そこで味わう衝撃こそが、「身近な植物が、分からない」という真実である。専門図鑑でもあまり紹介されないタイプ（形態の変異）や新しい種族が次々と顔を出し、もうそれだけで際限なく興奮できることを知る。玄関を出たら、すでに幸せなのである。

2019 年 5 月、千葉県

2019 年 10 月、神奈川県

2014 年 9 月、埼玉県

第2章

しなやかに、したたかに進化する雑草たちの神秘

化学者は穴掘りがお好き

カタバミたち

それは末長い幸せと、絶えることがない子孫繁栄を願うために、日本人はカタバミを家紋のひとつにした。

カタバミ……海の泡沫がごとく、どこからともなく湧き上がり、永遠の居候を決め込もうとするあの連中。実際、それを実現する異能に恵まれているのだからもう。無尽蔵とも思えるその子孫繁栄ぶりに、園芸家たちはてんてこ舞いを強いられる。

地面がない歩道橋、ビルの屋上であっても、カタバミたちはちゃっかりと棲みつき、愛らしく微笑むような花を咲かせる。この世界は、カタバミたちにどんな魔法をかけたというのであろうか。ひとまず連中が継承してきた秘儀のひとつが〝穴掘り〟であることだけは調べがついている。

傍喰《かたばみ》と書く。夕方になるとこの葉は傘を畳むように閉じるのだが、このとき、葉の数が少なくなったように見えることに由来する、という説がある。

3枚のハート形した葉は、美観的にとても均整が取れた愛らしさがあり、この合間からひょいひょいと咲かせる甘いレモン色した小花のフォルムも可憐。

カタバミ　*Oxalis corniculata*

多年生　花期　5～7月

道ばたにはたくさんの種類が棲んでおり、それぞれが変化に富むことから、カタバミがいかにしなやかな生命であるかをうかがい知ることができる。こうした素直な感銘に浸ることができるのも、あくまで自分の庭先や鉢植えにいないときに限られるのだけれど。

文明社会の傍らという傍らに（あるいは耕作地や庭園の檜舞台に）、嬉々として根を下ろす。それどころか、土がまるでない鉄筋コンクリート製の構造物にも育つ。

酢漿草《かたばみ》とも書かれるが、全草が酸っぱい。カタバミたちはシュウ酸やクエン酸など多くの有機酸をこさえるのを得意とする化学者で、時折、汚れた10円玉をこの葉で磨くと美しい輝きを取り戻すことで注目を集める。有機酸が「なにかを分解したり、分離したりする」という作用を持つことに、食欲旺盛なカタバミたちは目をつけたようである。せっせとこさえては根っこから放出するというとても単純な仕事に、カタバミたちは嬉々として汗をかく。

この事実に、研究者たちが気がついたのは最近のこと。なにをしているのかといえば、そう、食事を愉しんでおるのだ。植物たちの大好物（栄養素）の多くは、土壌の砂粒や腐植質（落ち葉の分解物など）にガッチリと吸着されていることが多い。だが、隣の人が握りしめているホットドッグを、美味しそうな匂いがするからといって、ひげ根を伸ばし、「ねえ、ちょっとだけ」とやったところで譲ってくれるわけもない。

健気と見るか、図々しいと抜き散らかすか……カタバミはいろいろと悩ましい種族。たとえば道ばたでは、葉が赤いものが交ざっている。これはアカカタバミ（写真下段）。実は葉が緑色のアカカタバミの仲間もいてややこしいが、花を見て、中心部に赤いリングが浮かんでいたらアカカタバミの系統であると分かる。

アカカタバミ　*Oxalis corniculata* form. *rubrifolia*

ところが根っこが有機酸を分泌するや、10円玉の汚れがみるみると落ちるように、美味しいものが分解・分離され、吸収しやすくなる。食べるというより〝舐《な》める〟であろう。

当然、舐められ続けたほうは飴《あめ》玉と同じくその表面積を減らし、隙間が生まれる。食べ盛りの植物は、ここへ速やかに根を滑り込ませ（あるいは太らせ）、舐めとり、さらに先にあるレストランへと向かうべく根を伸ばす。

そもそも植物の根のパワーは、それ自体が強大なのだ。コンクリートやアスファルトを内部から叩き割るのは造作もない仕事である。イタリアの農学者ステファノ・マンクーゾ教授によれば、根が大きくなるときに発揮される力は1～3メガパスカル（1メガパスカル＝10気圧）に及ぶと見積もられている。※

見慣れたカタバミひとつでも、その生きるアイデアと創意工夫を紐解く旅は、不思議さと驚嘆に満ちており、あなたの旺盛な好奇心を存分に刺激してくれるはず。

さて、道ばたにいるカタバミたちには、思いのほか多くの種類が交ざっている（前ページおよび左ページ）。ちゃんと見分けるのは案外むずかしく、興味を持たれた方は、この機会に図鑑などをご参照いただきたい。

※植物によって、あるいは環境によって異なる

「変わったもの」を見つけるのは散策の大きな愉しみ。平凡なカタバミにしても、写真のような変わり者が見つかると、飛び上がるほど嬉しくなる。一方、写真下段はよく見かけるタイプだが、一応、区別されているもの。タチカタバミ（下段・左）は、すっくと立ち上がるタイプ。オッタチカタバミ（下段・右）は、タチカタバミとそっくりだが種子に違いがあり、白い筋模様を浮かべる。近年広がりを見せている帰化種（北アメリカ原産）である。

タチカタバミ
Oxalis corniculata form. *erecta*

オッタチカタバミ
Oxalis dillenii

花つきよし。実つきなし。

ムラサキカタバミたち

考え方ひとつで、生きる愉しみがまるで違ってくることがある。カタバミは独創的なアイデアと実行力で世界を席捲《せっけん》する。一方、ムラサキカタバミたちは、その姿も拡大戦略も、一見よく似ているようだけれど、発想の根本がまるで違う。なにしろタネをつけないのだ。

ムラサキカタバミは南アメリカの出身で、江戸時代末期、観賞用として渡来した。いまでこそ耕作地の強害草として悪名を轟《とどろ》かせておるが、もとは園芸種で、その美しさは折り紙つき。市街地ではいまも庭園にて愛育される。

カタバミとの大きな違いは、花色が淡いパープルで、全草が大きな饅頭《まんじゅう》のようにこんもりと茂ること。荒れ地などではスコットランドのハイランド地方を彷彿とさせるほど、もこもこと起伏に富んだ見事なコロニーをこさえている。ハート形した葉っぱのドームから、華奢な花柄をひょいと伸ばし、美しい花をたくさん咲かせる。このたいそう旺盛な生命力が買われ、世界各国で食用・薬用※に栽培されてきた。

花期はとても長きにわたり、それも飽くことなく、次々と咲かせるが、そこまで花にこだわるのに、タネをつける気は毛頭ないようだ。

※インドなどのアジア圏では、全草を消化不良・黄疸の治療に利用。ただし、シュウ酸などを多く含むので、家庭での利用は避けたい

ムラサキカタバミ　*Oxalis corymbosa*

多年生　花期　5～7月

ものすごいエネルギーを費やして、無数の花を咲かせる〝意味〟があるのかどうか……。若いころは「ムダなことを」と呆れたものだが、生態を調べているうちに「どうやら〝なにか〟を試しているようだ」と考えるようになった。生き物の仕組みは、「ムダがない」のではなくむしろ「実にムダが多い」という場面が多いもので（たとえば我々の体ではCFTRという重要なタンパク質を作るが、その過程で、生産された75％はすぐに廃棄されるというシステムを採用している）、このゆるやかさやデタラメさが進化の原動力、新しい疫病に対する抵抗力の源泉になっている可能性がある。そうはいっても、ムラサキカタバミがなぜタネをつけないことにしたのかは、さっぱり分からない。

さて、タネを散布することなしに、強害草の地位まで上りつめることができたのは不思議な話である。野望は、それは密《ひそ》やかに、目に見えないところで温められている。

ムラサキカタバミは、地下でもって寸詰まりのニンジンみたいな鱗茎《りんけい》をつける。そのまわりに小さなムカゴみたいな鱗片《りんぺん》をつけ、これがぽろぽろと剝《は》がれ落ちることで、それぞれが子株に育つ。遺伝子の情報を同じくするのでクローンといえる。

〝葉っぱをこんもりと茂らせ、愛らしい花を次々と咲かせる〟というのは、植物愛好家にとって、殺し文句以外の何物でもない。はじめは庭先に、やがて耕作地の周辺を飾るために植えられ、飽きられ、忘れられ……連中は長い時間を秘密工作に費やすことができた。

ムラサキカタバミは形質がとても安定した種族ではあるが、極めて稀に変異種が出る。上の写真は八重咲きになっているもので、滅多なことでは出遭えぬが、地域によっては頻繁に発生する。同じように色が抜けて白くなったものも、ごくごく稀に見られる。清楚で柔和な感じがとてもよろしい。

鱗茎

白花種(色が抜け落ちている)

「もういらないや」となったそのとき、スコップの先端が根っこを裂いたり、耕運機で細断したりしようものなら、その数だけクローンが芽吹く。まずは人間に愛されるということを端緒に、「いずれ人間は我々に飽きるのだ」とすべてを見越して、地下計画を推進していたのだろうか。なにしろ江戸時代に導入されて80年間は、まったく問題にならなかった。第二次世界大戦後から雑草化が進行し、効率優先が叫ばれた高度成長期以降に大問題化する。まさに我々が常に抱える〝心の隙間〟を狙っていたかのようで。

イモカタバミも同じ戦略を取る。花の中心部が濃い赤紫になるタイプ（ムラサキカタバミは花の中心部が白っぽくなる）で、ムラサキカタバミの花の色は淡いが、こちらはビビッドで重厚感がある。根っこの姿が、小さなイモを数珠繋《じゅずつな》ぎにしたような形になるのでその名をもらった。これもタネをつけず、イモで殖え、迷惑雑草として嫌われる。

近年、市街地ではハナカタバミ、ベニカタバミが元気よく逃げ出して野辺を飾る。いずれも園芸種で、それなりの値札がつけられているが、いまでは野辺から連れて帰ることができる。強害草として恐れられるのはムラサキとイモだけなので、ハナやベニとは安心して一緒に暮らすことができる。

心ある植物愛好家たちは、ムラサキやイモたちを、いまも上手に管理して、愛らしい庭園造りに活かす。その性質をよく理解することで、本来あるべき適材適所に戻せるのである。

イモカタバミ　*Oxalis articulata*

ムラサキカタバミに比べると、花色がずっと濃厚で、花数も非常に多い。花の中心部にかけて色が濃くなるところがムラサキカタバミとの大きな違い。根っこの姿も非常に変わっており、塊茎《かいけい》がイモ状に膨らんで数珠繋ぎとなる。ごくたまに白花種にも出遭うが、やはり花数が多くてよく目立つ。

典雅なカオス

ニワゼキショウたち

雑草と呼ばれる者たちは、しなやかな生き方を実践している。

ニワゼキショウの仲間は、とりわけ洗練された美を誇る種族だが、なにかと線引きをしたがる人間たちを嘲笑《あざわら》うかのように、それは微妙な変化を繰り返す。分類学者やフィールドワーカーに見事な肩透かしを食らわせる一族である。

その一員、ニワゼキショウは、道ばたの草地、花壇の隙間、芝生のど真ん中などに棲みついている帰化種で、その故郷を北アメリカとする。幼いころの葉っぱはアヤメとそっくりで、とてもカッコいい。剣のような葉を、綾織りのように重ね、そこから艶がある花茎をしなやかに立ち上げる。

そのてっぺんに、ストライプ模様を浮かべたグレープ色の小花を咲かせるのだ。この切れ味のよい星形の花が実にエレガントで、なかでも特筆すべきは、花びらの先っちょにあつらえた、小さなしっぽ。これがもうたまらない。ちょりんと伸ばしたしっぽがあるからこそ、初めてニワゼキショウらしい美麗さが際立つことになる。

ニワゼキショウ　*Sisyrinchium rosulatum*

1年～多年生　花期　5～6月

暑苦しい魂の叫びはこのあたりにして、葉っぱ、花びら、結実の、どの造作も一切のムダがなく、流麗を極める。コロニーともなれば、まさに星屑《ほしくず》がごとく咲き乱れる。ほかの小さな雑草の花との競演は、まさしく夢見心地の世界に誘ってくれる。うっかりしゃがみ込もうものなら命取り。膝の上で頬杖《ほおづえ》ついて……。

さて、路傍のお花畑をなんとなく眺めておると、「おや?」となる。白いニワゼキショウが交ざっているのだ。グレープ色は華麗だが、白もまた実に高貴な雰囲気を漂わせる。花びらのノド〈奥側〉は深いグレープに染まり、やや派手にも思えるその色彩のコントラストが、意外なほど彼女たちの格調を高めている。これをオオニワゼキショウ〈北アメリカ原産〈推定〉〉という。背丈こそニワゼキショウより大きくなるが、花は逆にちっこくなる。全国の道ばたで、ごくふつうに暮らしている。

花びらがレモン色になったものは、言葉にならぬ神妙な美が宿る。

キバナニワゼキショウ〈北アメリカ原産〉といい、おもな分布は関西地方。それが近年、関東でも見られるようになったという。この色彩、カタバミのような鮮烈なレモン色とはまるで違う。しっとりとした、ほのかな翳《かげ》りを抱いた趣深《おもむきぶか》い逸品で、この色彩の妙は、ほかの植物ではなかなか味わうことが叶わない。ニワゼキショウたちはどれも小さいが、キバナニワゼキショウは輪をかけてミニサイズ。そこがまたよい。

晩春の道ばたを華やかに飾るニワゼキショウたち。グレープ色の花がニワゼキショウで、白い花がオオニワゼキショウ。"オオ"とつくが、花はニワゼキショウよりひとまわり小さいものの、全体のサイズが大きいのでその名がある。分類学上、確定した学名はまだない。海外ではニワゼキショウと区別しないとする分類学者もある。

ニワゼキショウ

オオニワゼキショウ *Sisyrinchium* sp.

カタバミよりずっと小さく、しかも線が細いため、草間に飲まれている。よほど目が慣れていないと気がつかない。

さらに上をゆく空前絶後の美麗種の名をルリニワゼキショウ（北アメリカ原産）という。ニワゼキショウのシャープなフォルムそのまま、色彩が深みのある瑠璃《るり》色になるタイプ。明るい陽が差す湖水の中を、ゆっくりと沈み、底知れぬ暗闇との狭間に音もなく横たわる、青ともいえぬ青。この世のものとは思えぬ幽玄な佇まい、その身がまとう〝空気感〟は、ほかのニワゼキショウとは似ても似つかぬ。近所を探してもまず見つからぬ珍しい帰化植物とされるが、そもそも知る人が少ないという事情がある。あなたの近所で見つかる公算は、決して小さくないだろう。

同じ花姿でも、色彩や形が少しでも変化すると、雰囲気までガラリと変わる。植物屋は、いつもこうした〝ささやかな違い〟を見つけ、仲間と共有し、意味もなく浮かれる種族だ。はじめは花の色香の変化を愉しんでいたが、次第に葉の形、葉脈の走り方、葉や茎にある毛やトゲの長さと色彩に驚喜するようになる。それが高じて分類学に親しむようになった人々は、ニワゼキショウに出遭うと苦笑する。「もうかれこれ30年。なにがニワゼキショウで、どれがオオニワゼキショウか……」

キバナニワゼキショウ　*Sisyrinchium exile*

ルリニワゼキショウ　*Sisyrinchium angustifolium*

原産地の北アメリカでは、ニワゼキショウとオオニワゼキショウの区別について、決定打を見出せぬまま、いまに至る。それどころかキバナニワゼキショウやルリニワゼキショウですら、「どのように分類すべきであろうか……」と、決着がつかぬ。調べるほどに〝境界線がじんわりと滲んでいる〟といったものが次々と出現するのだ。そこにいるニワゼキショウを呼ぶ場合、〝ニワゼキショウの仲間〟という曖昧な表現のほうが、ずっと正確であったりするから、学問というのはおかしなものである。

とても身近な植物であるのに「分類が未確定」というものは、どっぷりと浸って調べ出すと、結構多い。調べ方によって、あるいは学者の立場によって、分類方法や名前が違う。どのような考え方を採用するのかは、その時々、みなさんが自由に決めてよいのである。

むかし、ずいぶんと長い間、名前が分からずもやもやしていたニワゼキショウがある。セッカニワゼキショウという。ニワゼキショウが純白になったもので、大変美しい。芝地や道ばたに腰を下ろしているが、ちょっと前までは滅多に遭えない種族であった。そのためか一般の図鑑には載っていないが、最近、各地で見かけるようになっている。

セッカニワゼキショウ　*Sisyrinchium* sp.

雪花庭石菖と書くように、花びらが純白になった種族。花のノド（中心部）は淡いレモン色になる。全体の特徴としてニワゼキショウより背丈が低く、地を這うように茎葉を伸ばす傾向が強い。とても小柄であるため気がつかないが、出遭えるととても嬉しい種族のひとつ。都市部から郊外まで、局所的に発生。学名は未確定。

その翼で新たな世界へ？

ヒルガオたち

初夏の道ばたはニコニコした顔で溢れている。

ヒルガオをわざわざ見比べるという人はまずおらぬが、その表情には驚くほど豊かなバリエーションがある。この花のよいところは、決して営業的な愛想笑いをしないことだ。無理に色香を振りまき蜜を振る舞い、昆虫を呼び、タネをつけようとする気はさらさらない。※あの明るい丸顔の微笑は、生きている喜びをただそのまま表現しているかのよう。

あらゆる場所で見られるが、おもに根茎を伸ばすことによって勢力を伸ばす。公園や線路沿いのフェンスに元気よく絡むのはまだよいが、愛してやまぬ栽培植物を、それは荒っぽく簀《す》巻《ま》きみたいにぐるぐる巻きにする所業は実に許しがたい。春先からせっせと引っこ抜くが、もぐら叩きである。取るほどに、思ってもみなかった場所から芽を出し、そっと息を潜めながら成長を続ける。風のない夕暮れに、こうした逃亡者どものツル先を見ると、ちょっとおもしろい。脈を打つようにピクピクと動く。たまに弾かれたように大きく踊ることもあり、あははと笑っているうちにちょっといじらしく思え、引っこ抜けなくなる。

やがてふわりと広げる花の輪郭は、ほぼ円形から、端正な五角形までを描く。

※基本的に結実しない。ごく稀に結実するといわれるが、わたしも見たことがない

ヒルガオ　*Calystegia pubescens*

多年生　花期　6〜8月

ときに花の縁をフリルみたいに波打たせるものがあり、これは大変愛らしい。

色彩も、ベースはあくまでピンクながらも、ビビッドなもの、淡くて甘いクリーム色っぽいものまであるほか、白いライン模様が明瞭であったりボヤけていたりするだけで、その表情がころころと変わる。

何十年となくフィールドを歩いている研究者たちですら、ヒルガオの〝豊かな表情〟にはいつも驚かされる。ほがらかに笑っているか、苦笑して見えるのかは、その時々、観察者の心のありさまを反映するところもおもしろい。

もうひとつ、フィールドワーカーが熱い注目を寄せるポイントといえば、アイノコヒルガオの存在である。


一般の図鑑には、ヒルガオと並んでコヒルガオが紹介される。

見分け方はいろいろあるが、実は数をこなすほど「分からなくなりました」という悩みをよく聞くのである。

花や葉っぱの形で調べると、どっちつかずのものがたくさんある。しかも成長するごとに変化する。いまのところ「花の柄」を見るのがもっとも近道である。なにもなく、ツルッとしているのがヒルガオ。波を打つような翼《よく》（でっぱり）があればコヒルガオ。

ヒルガオ
Calystegia pubescens

コヒルガオ
Calystegia hederacea

アイノコヒルガオ
C. hederacea × C. pubescens

花の下にある柄（花柄）がツルッとしている。

花柄には波打つような隆起がある。

花柄にはわずかに直線的な隆起がある。

お馴染みのヒルガオとコヒルガオの違いは、葉の形よりも花柄を見たほうが簡単に分かる。アイノコヒルガオについては、変化が多く形態が一定しない傾向がある。今後の調査研究によって分類法が変わる可能性がある。

こうして花の柄の〝翼〟を見るクセがついたところで、フィールドに打って出る。「翼があるほうが、はて、どっちだっけ？」と混乱するのは誰もが通る道である。小細工があれば小ヒルガオである。

また違う場所ではむむっとなって眉根を寄せるのだ。「……翼はないけれど、よく分からん」興味深いのは〝翼がないように見える子〟の存在である。

よくよく目を凝らさぬと気がつかないが、花の柄の表面に、わずかに隆起した直線状の翼があるものと出遭う。花の柄に指先を遊ばせてみれば、ほんのわずか、ザラつくような感触がある（ヒルガオは、しっとりとしてツルツル）。

これがアイノコヒルガオ、とされる新顔である。

ヒルガオとコヒルガオは、ごくごく稀に交雑することがあるようで、この奇跡の子宝がアイノコヒルガオとなる。

我ら植物屋がネイチャーガイドを務めるとき、まずもって葉を見たら、次に花を裏返して柄の部分をチェックする。もしも運悪く「うっすらとした翼」が見えてしまった場合、ひとまず咳払いをひとつ、作り笑いなどを浮かべてみる（刹那《せつな》の時間稼ぎ）。

そして、ようやくもっともらしい一節を唱える。「これはアイノコヒルガオと思われます。ヒルガオとコヒルガオの間に生まれた子といわれまして、はあ。近年、新しく名前がつけられるようになりました、ええ。おもしろいですね。ははは」。決して「アイノコヒルガオである」「新しい名前がつけられた」と断言しないところがミソ。

ご推察の通り、その違いは微妙で、その由来にも不明な点が多い。

ごく当たり前にいる植物でも、実際に自分で調べてみたら「なんだかちょっと違う。微妙だけれど明らかに違う」という発見の多さは、意外と尽きないもの。

分類はともかく、草間に浮かぶヒルガオたちの笑顔は、情景として見るほどに心がほぐれる〝ほがらかさ〟に満ちている。

ヒトの笑顔にもいろいろあるが、もっとも愛するそれは「もう、バカねえ」と心の底から呆れられる〝失笑〟だろう。次にご紹介する植物は、そんなわたしが「もう、バカねえ」といいたくなる顔ぶれである。

ナゾだらけの規格外生命

タンポポたち

ほがらかで、陽だまりのような花を咲かせるタンポポ。古くから日本に根を下ろしている土着の民はなんと18種類もあり、細かく分けると20種を超える。地域ごとに違うタンポポたちが隠れ棲み、これを見つける散策は想像以上に〝大人の愉悦〟。近年になると、限られた地域でしか見られなかったタンポポや、新しい変種の顔ぶれが、県境を越えて広く渡り歩く姿が目撃されている。わたしたちはとてもおもしろい時代を生きている。

その種類を見分けるのに、とても便利な方法が「指先で花をぴらっと裏返す」というもの。つぼみのとき、大事な花をくるんで守っている〝総苞《そうほう》〟を見るのだ。とりわけ帰化種と在来種の違いについては、総苞に並んだウロコ状のものを見て、「ひたりと閉じていれば在来種」「ウロコが開いて反り返るものは帰化種」と紹介される。

厳密にいうと、これはまったく正しくない。ウロコが閉じているセイヨウタンポポもいる。さらに正確さを期すれば、たとえウロコが反り返っていても、そのほとんどが純粋なセイヨウタンポポですらない（後述）。

セイヨウタンポポ（札幌市）　*Taraxacum officinale*

多年生　花期　真夏を除く通年

植物研究家が集まって、フィールドを歩く機会がある。駅の改札口に集合して、50メートルを進むのに、軽く1時間を費やすバカさ加減であるが、やはりしょっちゅう、タンポポをぴらっとやる。これが全員、あちこちに散らばってぴらぴらとめくる。同行した女性は「落としたコンタクトレンズを血眼で探しているみたい」と笑い転げる。やがて「あった、これはいい」との声がする。総苞のウロコが太く、黒ずみ、気だるそうに反り返っている。「ニセカントウタンポポじゃないですか」

数多くの図鑑を手掛ける岩槻秀明氏が、新たに気づいた形態である。正式名は決まっておらず、未知の帰化種か、はたまたなにかとの交雑種か。いまだ正体不明のナゾなタンポポ。

もうひとつ、おもしろいものにウスジロカントウタンポポがある。最近話題になっている形態で、花の外側を取り巻く花びらだけが淡い色彩になるので、ぱっと見た感じ、目玉焼き風に見え、とっても愛らしい。関東圏の道ばたでは、どちらもよく見かける。

さて、お馴染みのセイヨウタンポポであるが、純粋なセイヨウタンポポを見るには東北地方へ、より確実さを求めるなら北海道まで行くのがよい。環境省や都道府県の調査研究によると、ほかの地域で見られるものの実に80%が（全国平均は76%）雑種であった。なぜだか福島県の南部から東にかけて、雑種の発生率が著しく高まるのである。ここに驚くべき発見があった。

セイヨウタンポポ(札幌市)の総苞

セイヨウタンポポの種子

アカミタンポポの種子

セイヨウタンポポの総苞片は、写真のように反り返ることが多い。同じ特徴を持っていて種子が赤いものはアカミタンポポ（*Taraxacum laevigatum*）という。

ニセカントウタンポポ(仮称)

カントウタンポポに似ているけれど総苞片がいやに太く黒ずんでいるタイプ。分類は確定していない。

ウスジロカントウタンポポ

カントウタンポポに似ているけれど花びらの外側だけが色落ちしたタイプ。とても愛らしい花容が魅力的。

雑種ができるということは、つまり違うタンポポと花粉のやり取りがある、ということだ。なにが驚きかというと、セイヨウタンポポの花粉がほぼ役立たずである、という事実である。「セイヨウタンポポは自家受粉する。自分の花粉でタネをつけることができるから、爆発的に殖えるのだ」と解説される。これは一面で正しい。大きく違う部分は、花粉がなくてもタネを作れること。

実験で、開花直後に花を半分に切ってしまう。雄しべはもちろん、受粉に必要なめしべの先端部を失いながらも、セイヨウタンポポは立派なタネをこさえてみせる。結実率は80％にもなる。こうなると、タネが1個でもどこかに落ちれば、たとえそこが銀座3丁目のど真ん中であっても、いくらでも殖えることができる。

セイヨウタンポポの驚異的な異才は、まだある。世界中に広がることができたのは、とある保険をかけていたからだ。それがなんと〝花粉〟なのだ。顕微鏡で見ると、花粉の大きさはてんでバラバラ。中身が空っぽの不良品まで平気で見つかる始末。しかしごく一部の、大きめな花粉は、〝正常〟な機能を持っている。

チョウやハチが、この花粉をよそのタンポポに持ってゆけば雑種が生まれる。雑種は体が大きく、壮健に育つ傾向がある（雑種強勢《ざっしゅきょうせい》）。信じられぬかもしれぬが、セイヨウタンポポの故郷ヨーロッパでは「のどかで、やや湿り気のある草地に育つ植物」なのである。

大都会や住宅地の道ばたは、故郷とは違って乾燥しており、本来、安住など望むべくもない。しかし雑種となった子どもたちは、両親のよいところを併せ持つことで、曲芸にも似た柔軟さと強壮さを獲得し、乾燥地にもよく耐える。セイヨウタンポポは、基本的に自分だけで増殖できるよう特殊な進化を遂げたが、それでもなお、子孫たちがどこでも生きてゆけるよう、現地住民との〝古典的な〟親交手段……つまり〝結婚〟も、しっかりと堅持しているのである。驚くべき遠謀といえる。

日本の在来種たちは、見た目こそセイヨウタンポポと似ているが、こんなアクロバットはできない。いや、その必要がないと考えている節がある。在来種たちは、花粉をそれは大事に、丁寧にこさえ上げる。まったく日本らしい手仕事の細やかさでもって、顕微鏡で見れば文字通りの粒ぞろい※。

在来種たちは、花粉のやり取りを通じて「より強い子を作る」ことに熱心であり、自分の花粉では結実しないようなシステムを充実させている。結果、仲間が近くにいないとタネができず、お家断絶。非効率に見えるが、仲間が長く安住できない場所に進出したところで「いずれは絶える」と踏んでいるようにも見える。在来種と帰化種ではその姿勢に明らかな違いがあり、とても興味深い（いまは成功しているかに見えるセイヨウ雑種も、長い目で見ればどうなるか分からないが、彼女らは果敢に挑むことを選んだ）。

※つまり、在来種を見分けるには花粉と顕微鏡が必須。「雑草ひとつ、そこまでせんと分からんとは何事か」とお叱りの声もあろう。大変申し訳ありません。そこまでせんと分からんのです

それが近年になって、腰が重いはずの在来種たちが、うわあと移動を開始した。人の活動も手伝って、珍しいタンポポがひょいと姿を現す。びっくりする。

在来種の中でもセイヨウタンポポなみの爆発力を持つ者がいる。エゾタンポポがそれだ。エゾ（蝦夷）とあるが、本州の中部地方まで分布する。おもに山地や丘陵など、のどかで冷涼な地域に見られるものであったが、最近は、市街地の公園、河川敷にも広がっている。セイヨウタンポポと同じく「花粉いらずの自己増殖」が可能であるため、環境が合えばいくらでも殖える。なのに、セイヨウタンポポやその雑種のように、全国に広がることはない。むかしからいるのに、である。これほど似ていても、両者の生態はまるで違うのである。

さて、不思議の最後は、やはりセイヨウタンポポで締めたい。「なにがセイヨウタンポポか、分かりません」

原産地のヨーロッパでは、それは熱心にタンポポが研究される。見つけやすい、親しみやすい、やってみたらおもしろい、ということらしいが、あちらの植物学会では〝セイヨウタンポポ〟とは呼ばない。〝セイヨウタンポポ種群〟という。わたしたちがセイヨウタンポポと呼ぶ植物は、ヨーロッパではおよそ千種類※の植物を指す。このうち「どれが日本にやってきたのか」という素朴な疑問が湧いてくるのは当たり前で、それに答えるための解析技術がいまも研究されている。とどのつまり、「まだ分かりません」。

※正確にいうと、1000の小種に分けられている。なお、そっくりなアカミタンポポ（157ページ）には、400の小種が存在する

エゾタンポポ　*Taraxacum venustum* subsp. *venustum*

エゾタンポポは受粉をしなくても種子の生産をはじめることができる。この点ではセイヨウタンポポに似ているが、発芽はおもに秋に集中する（セイヨウはほぼ通年発芽する）。環境が都市化すると適応できず、ただちに消える（セイヨウは見事に適応する）という大きな違いがあるところがおもしろい。

知らなきゃよかったこの一件　ナズナたち

ごく当たり前のセイヨウタンポポですら、前述のありさまである。ナズナがただで済むはずもない。あなたの手にしたナズナが〝西洋ハーブ〟、つまり帰化種である可能性は高い。我が国において、これを知る者はいまだゼロに等しい。

さて、古くから棲みつくナズナたちは、その祖先をたどれば渡来種であると考えられている。古代の稲作文化伝来の前後に定着したといわれ、それから江戸時代までの長きにわたって畑地で栽培される〝古典野菜〟であった。いまではフカフカのベッドを追い出されて久しいが、それでも「いずれあのベッドを取り戻さん」と虎視眈々《こしたんたん》と狙っておるのだろうか、畑のまわりでよく見かける。ふつう、その利用価値は七草粥《ななくさがゆ》くらいのものであろう。しかしナズナは栄養価が高く、ミネラル豊富で風味も大変よく、野草料理界ではいまも燦然《さんぜん》たる輝きを放つ。薬草としての誉れも健在で、胃腸の不快感や神経の緊張を緩和するほか、傷薬としては止血、消炎、抗菌に留まらず、鎮痛作用まで知られる。至れり尽くせりの名薬なのだ。

日本だけでなく、ヨーロッパ文明社会においても、古くから重要薬草とされ続けていることも見落とせない事実である。

ナズナ　*Capsella bursa-pastoris* var. *triangularis*
越年生　花期　3～6月

ちょっと前の図鑑まで、ナズナはナズナでよろしかった。１９８８年に森茂弥氏が「ルベラナズナ」の帰化を報告しても、関心を寄せる者はほとんどなかった。やがて「ホソミナズナ」の存在が報告されるや、植物屋どもは「うわぁ」とうめいた。血の気が引く音が日本全土を貫く。「どうすんだそれ」という者、「そんなの知らなきゃよかった」と頭をかきむしる者。確実に見分ける方法など果たしてあるのか、という悲鳴である。

ひとまずは、行く先々でもって、ナズナと見れば片っ端からのぞき込み、ときには計測器でサイズを測る。田舎道ならばまだしも、札幌、横浜、神戸などの大都市の雑踏でこれをやるのは大変いかがわしい。このような至極くだらぬことを、気が遠くなるまで繰り返すのがフィールドワーカーという種族で、忙しいを通り越し、かえって暇人に見える。

わたしも大都市圏を選んだ甲斐があり、次々と見つけることができた。専門文献で紹介されるポイントを実際に見比べて目を慣らす。いよいよ近所や里山などを練り歩けば……いた。しかも思いのほか多く棲んでいる。うわぁ。

ホソミナズナの特徴として、一般には左ページの通り、結実が細長い二等辺三角形になるとされている。日本に古くからいるナズナたちは正三角形である。

「ならば区別は簡単であろう」と思われるのかもしれない。

しかしもっと簡単な方法は「区別しないこと」なのかもしれない。

ナズナ　*Capsella bursa-pastoris* var. *triangularis*

ホソミナズナ　*Capsella bursa-pastoris* var. *bursa-pastoris*

ルベラナズナ　*Capsella rubella*

イギリスにあるブラッドフォード大学のA. Aksoyらが１９９９年に発表した論文で、ホソミナズナの実の形は、二等辺三角形、正三角形、そしてルベラナズナのようなタイプまであることが分かったのである。「それなら葉っぱを見ればいいだろう」と思う向きもあろう。ただ、１９２３年にはすでにE. Almquistが調べており、少なくとも２００種類に分けられると踏んだようだ。この分類法は、現在、採用されていないのだけれど、葉っぱのバリエーションの豊富さと手に負えなさだけは再確認されている。もっとも驚かされるのが、ナズナひとつを分類するのに、莫大な時間と労力を惜しまぬ人のなんと多いことか！　人間とはなんとおかしな生き物であるか。

こうして原産地の分類学論文を集めて読んだが、結局、ＤＮＡ解析に行き着く。これも「この組織の、この部分の配列を見れば必ず分かる」といったものは確立されていない。けれども驚異的な根気でもって、研究を進める人々がいる。あのナズナに。

西洋ハーブの本にナズナと紹介されているのは、たいていホソミナズナであって、日本のナズナではない。環境や系統が違えば、こさえる成分にも明らかな違いがあるものだが、この事実は意外と知られていない。

ひとまず、系統の違うナズナが日本に棲みついていることだけは確かなのだ。

ホソミナズナ、ルベラナズナが代表格で、「ハートナズナ」もいる、という研究者もある。いやはや至極厄介ではあるのだけれど、フィールドを歩く愉しみが増えた。

フィールドワーカーであり、ガーデナーでもあるわたしは、栽培にも心血をそそぐ。珍しい植物はもちろん、気になったものはなんでも片っ端から育てるのだが、雑草も例外ではない。ホソミナズナ、ルベラナズナの種子を集め、ポットに蒔くことも決して忘れなかった。幾年も育てることで、成長ぶりなどをこの目に焼きつけたいと願った。その結果、なんと、発芽しなかった。ひと粒たりとも！　実にけしからん。「まあ、お前さん方、結局はナズナだからね」と気軽に構えておったのが伝わったのか。ここは素直に猛省するほかなさそうだ。

雑草たちは、なにをしても、なにもしなくても育つやつと、やってもやらなくてもウンともスンともいわぬやつがいる。

なんでもやってみるとおもしろいのである。

〝負けて百両〟のしなやかさ

スズメノカタビラ

「堪忍《かんにん》五両、負けて三両」

耐えがたい我慢をすることに尊い価値がある（物事に負けるだけでも三両の価値があり、これを耐え忍べば五両の価値がある）という意。そもそも「ならぬ堪忍、するが堪忍」である。怒り心頭、でもぐっと堪えておるときに、「ならぬ堪忍、するが堪忍だよ」などと気安くいわれようものなら、刹那、とさかに来る。しかし通り道に棲んでいるスズメノカタビラを見るたびに、「お前さん、負けて百両だものな」と素直に自戒するのである。

この先に広がる地平は「心の底からどうでもいいこと」で満ち満ちている。そもそも「そんな植物あったかしら」という人が多いだろう。「わたくし、よく存じておりますわ」という方々も「そこまで知りたいとは毛ほども思っておりませんの」という物語がいま、幕を開ける（もう開いた）。

世界中の、あらゆる場所に広がることができた種族はコスモポリタンと呼ばれる。女性誌みたいにこ洒落た名前だが、コスモポリタンたちが日本にやってくると〝強害草〟〝難駆除雑草〟と、見るからにいかがわしい名前にとって代わる。

スズメノカタビラ　*Poa annua* var. *annua*

１年～多年生　花期　3～11月

スズメノカタビラは、土を耕せばうわっと湧いて、半永久的に棲みつく居候として悪名高い。とりわけ芝生を愛するガーデナーは、シロツメクサと双璧をなすほどこれを嫌う。

〝雀《すずめ》の帷子《かたびら》〟と書くが、この詩情に溢れ、ことのほか可愛らしい響きを持つ名前は、花穂の〝部分〟に由来する。左ページで図示した〝部分〟が、帷子（裏地をつけない簡素な衣）の襟《えり》に見立てられ、とても小さなために〝雀〟がつけられた。現代ならヒメイチゴツナギとかなんとか、分かりやすさや分類の正確さを求め、それこそ小さく無難にまとめてしまうだろう。先人たちの目のつけどころと自然世界への憧憬の深さこそ、学名より先に学ぶ価値があるように思える。

はじめは、小さな雑草の一種としてご紹介するつもりであったほど、この種族は小さい。道ばたに群れていても、誰ひとり気がつかない。すべてが果てしなく地味である。ただその地味を〝シンプルな美〟に置き換えると、大変な輝きを放つ生き物である。ふわりと広げた柔らかな葉。その合間からすっと立ち上げる花穂の飾りつけが洗練を極める。フォルムのエッジが際立ちながらも、すべて柔和な曲線で描き上げられているのが秀逸である。帷子に見立てられた部分をルーペでのぞけば、クリーム地にメロン色したストライプを浮かべ、手仕事の細やかさに感嘆する。つまりそうなのだ。この粗末に見える生き物、実はとんでもない異能を発揮する。その才智、羨ましくなるほど。

カタバミ（128ページ）と同じく、あらゆる場所（とりわけ隙間）で育つ種族。多くの人に毛嫌いされるが、園芸家の中には「姿が可愛い」と愛する人もある。小兵のため中型・大型種が林立するようになると姿を消す。そして不思議なことに、雑木林の道ばたには棲むが、林床のほうには入ってゆけない。

まずおもしろいのは子孫繁栄の方法である。

足元にいても気がつかぬほど小さいが、ひと株がこさえる種子の数は8千個に及ぶという（竹松哲夫・一前宣正、１９９７年）。別の研究では、1メートル四方の土の中から17万個もの本種の種子が見つかった（W. M. Lush 、１９８９年）。この種子たち、条件が揃えば速やかに発芽することができる。だが、できるのに、やらない。〝休眠〟に入る。短い生涯をいち早く満喫すべく、満員電車のすし詰めに耐えるより、時差出勤でゆったり過ごすことを選んだ子たちだ。なにかのキッカケで周囲の植物が消えたとき、間髪入れずに産声をあげる。

そんな子たちがすくすくと成長し（たいがいは草刈りによって数センチほどしか育てないが）、いよいよ適齢期を迎え、花穂を立ち上げる。大事な花粉を季節の風にゆだねる風媒花である。「人生、いつもよい風に恵まれるわけではありませんよ」という両親の教えからか、子どもたちは風がなくても自分の花粉で結実するようにしている。世の風潮などどこ吹く風といわんばかり。「出る杭はもれなく打たれる」という世間のしがらみもなんのその、子どもたちはものすごい技芸を発揮する。

たとえば、大切に育てられているダリアや野菜の苗を、硬い靴底で踏みつけるとどうなるか。

植物の多くは、体の中心部や新芽の生長点を痛めつけられると再生がむずかしくなる。宿根草（多年草）のように、長い時間をかけて根っこを充実させたものは復活の道もあるが、そうした植物でも、初年度の若いうちに靴底を味わうと、もうお手上げ。

ところが、スズメノカタビラたちは、いくらか葉を伸ばせた段階なら、踏まれても耐える。それどころか、世間様からより強く、幾度となく踏みにじられることで、いっそう反骨魂を燃え上がらせて以前よりずっと大きく茂るようになる。外から物理的な刺激を受けると、特殊な分泌物が増加し、細胞の保護と速やかな増殖をうながすという「ちょっとありえないシステム」を、あのこよなく地味な植物が設計しているのだ。

「へこたれてもいい。泣いてもいい。けれど決して諦めないの」という点に関しては、正直、いささか行き過ぎであるかに思う。「なんだか草刈りするほど殖えてないか？」といった園芸屋のおぼろげな危惧は、恐ろしいほど真実を射抜いている。東京農工大学大学院の岡崎麻衣子氏の研究（２０１６年、所属は当時のもの）が明らかにした一端によると、花序節（花穂及びその下にある茎葉）を、節を含むようにして１センチほどの長さに切ってゆく。これを培地や土で育てると、いずれも見事に発根した。花序節の全体で見ると、株元（地面）に近い節の断片ほど再生率が高い結果になった。これで思い起こされるのが、水辺に棲むプラナリアという小動物で、体を切断されるとその数だけ増えるため理科の教科書でお馴染みである。

実験ではプラナリアを17個まで切断すると、17個すべてが新個体として再生した。それ以上に分割するとすべて死んでしまったそうである。これに比べると再生可能な節が数個しかないスズメノカタビラなぞ可愛いものかもしれぬが、公園や庭先の芝生に棲みつく個体数は星の数ほど。年に数回、草刈り機でなめまわしたら、天文学的な数の分裂を手助けしているようなもの。そして忘れてはならぬ結実率の高さと、土壌で健やかな眠りについている種子の数が……。すべてが上手くいっていたら、世界はスズメノカタビラで埋め尽くされるはずなのだ。実際には、育つ場所が限られ、タンポポやヒメジョオン（182ページ）のほうがずっと多い。「短い人生、〝足るを知る〟のが肝要よ」という母親たちの声がするのか、豊かな野辺では問題など起こすこともなく、隣人たちと、そこそこ仲睦まじそうに暮らしている。

もうひとつ、見過ごされやすい大問題がある。古くから〝スズメノカタビラ〟と呼ばれている植物が、果たしてどこにいるのか……実は誰も知らない。

稲作文化の渡来とともにやってきた帰化種と考えられており、20世紀中葉の文献では「水田の一部にのみ」見つかるとされる。つまり市街地や住宅地などにいるものは別のもの……変種のツルスズメノカタビラという。

ツルスズメノカタビラ　*Poa annua* var. *reptans*

地上の茎や地下茎などを伸ばして子株をこさえてゆくタイプ。上から見るとマット状に広がったコロニーとなる。

古い文献の記述によれば、スズメノカタビラは里山の田んぼなどに棲みつくタイプで、市街地や住宅地のものはツルスズメノカタビラである可能性が高い。ツルスズメノカタビラも、常に地上茎などを伸ばすわけではないので、明らかにツルで連結しているもの（左の写真）以外は見極めが困難。

その名の通り、茎を這わせ、節から発根したり、根っこを伸ばしてそこから新芽をこさえたりするタイプである。とある研究では、論文に記載されたスズメノカタビラの発見場所と思《おぼ》しき場所を訪ね、これを採集し、栽培した。もしもオリジナルのスズメノカタビラであれば、茎からの発根や、地下茎からの新芽は出さない。それが出た。しかも出したり出さなかったり、とんだ気ままな具合である。「じゃあ、もともと棲んでいたのは、すべてツルスズメノカタビラだったのでは」と思われるだろう。わたしもそうだった。海外の論文を知るまでは。

コスモポリタンであるこの植物、ヨーロッパなどの欧米社会ではずいぶん古くから熱心な研究が重ねられていた。最近の分類では、スズメノカタビラとツルスズメノカタビラの二大巨頭に分けておく。これを足掛かりにして多彩なバリエーションを整列させてゆくと、なんと33バージョンもあることが分かった（V.A.Gibeault 、1971年。舘野淳ほか、2000年）。日本に棲む種族の正体が分かるには、もう少し時間がかかりそうだ。

さて、小さいがゆえに、安住の地が限られるスズメノカタビラたちは、耐え忍ぶ傍らで、ほかの雑草たちが決してなしえなかった〝多くの奇跡〟を獲得した。「負けて三両か」と、庭園のそれをブチブチと引っこ抜きながら考える。

スズメノカタビラたちの、その佇まいの奥深い愛らしさたるや、このうえなし。

華麗なる変幻、未知なる美味

ハマダイコン

とりあえず第一印象は「いまひとつ」であるのに、二度三度と遭えば忘れられなくなるほど〝おもしろい人〟がいる。あれは実に不思議である。植物の世界でも、〝非常におもしろくなる植物〟たちは、いずれも「①ごく身近に棲む」「②見た目が地味」という共通項がある。ハマダイコンもそのひとつであろう。

浜大根と書くように、海浜地域に野生するダイコンで、日本を含めたアジア広域で見られる。見た目は「やや小さなダイコン」で、海辺や河川敷ではとても数え切れぬほど群れている。花の色は、ふつう白地に赤紫が差すツートンカラーになるが、大型河川の河口付近にゆくと、白、桃色、それればかりか絞り模様と、色彩の妙なる調べを披露する。ここに植物屋がやってくると、花々をめぐる速度はミツバチのそれを軽く凌駕するほどに目まぐるしく、口々に賞賛感嘆たまに悪口をいいながら、変わった色のハマダイコンを探し、愛で、驚喜する。平日の、昼日中に、である。

海浜地域に多いと書いたが、内陸では園芸種、あるいは野菜の一種として栽培されたり、新しい道路が敷かれた場所で、その道ばたにポツネンと生えたりもする。

ハマダイコン　*Raphanus sativus* form. *raphanistroides*

越年生　花期　4～6月

当の本人はさぞかしびっくりしたに違いない。神奈川県の海辺にいたはずが、いつの間にか海が微塵もない埼玉県におるのだから。土質や環境について、えり好みしない大らかな性質がガーデナーの間で受けている。柔らかな茎葉、未熟な結実は美味しい食材。

書籍によっては「栽培ダイコンが野生化したもの」と解説されるが、20世紀末の研究は「遺伝子情報が栽培ダイコンと違っていました。両者は別種だと思われます」とする。一方、近年の学術論文でも「栽培ダイコンが野生化した」と書くものがあって悩ましいが、少なくとも分類学の論文では、このような断定はされない。いまだに争いはあるものの、「古代にアジア圏の種族が日本に来て、定着した」という説が有力視されている。

文献の中には「根は細く、筋張って、食用に向かない」とある。確かに浜辺のそれを引っこ抜いても、その根は細く、硬く、辛い。ところが冒頭で花色の話をしたように、ハマダイコンたちは〝変化〟を好む。たまに根っこが太るものがあり、栽培ダイコンなどとうららかに交雑して、根茎がまるまると太る品種も作出されている。この改良品は一般に売り出されているほか、地域によっては特産品にするのだと鼻息も荒い。

野生種で、花の色をこれほど自由自在に変えてしまうものはそうなく、実に興味深い。そして特産ハマダイコンにて辛味そばを賞味してみるのも悪くはなさそうだ。

全草が食用にされるが、柔らかな茎葉と未熟な実はとりわけ美味。細い根は下ごしらえをしてから漬物などに。覚えておくとよい重要植物である。花の時期は一面を覆《おお》うほど咲き誇り、大変美しい。花の色彩変異（写真下段）を訪ねて歩くのはひときわ愉しい時間となる。

色彩変異の例

坊主を求めて幾星霜

ハルジオン、ヒメジョオンたち

ハルジオン、そしてヒメジョオン。「なにをいまさら」と思う向きもあるだろう。道ばたどころかあらゆる鉢植えや図鑑に繁茂しているこの連中は、初心者の登竜門とされるが、実際には悶絶するほどおもしろい。いささか冒険となるが、一般書ではまずもって紹介されることがないボウズハルジョオンを探す旅に出かけてみたい。

まず、お馴染みのハルジオンとヒメジョオンたちは、とにかく殖えるので大変嫌われる。もとは園芸種として、北アメリカからわざわざ招聘された美麗種である。図書館でひとり、読書の愉悦に耽《ふけ》る女性の横顔は美しいこと限りなしであるが、公園の芝生に同じタイプの美人が無数に集って押し合いへし合いしていると、同じような香水、化粧品の匂いがこれでもかと増幅され、気圧《けお》されるのに似ている。ハルジオンたちの美は、それこそ根っからの植物好きの一部から愛されるに留まり、たいていは難駆除雑草として毛嫌いされる。

ハルジオンとヒメジョオンは、葉の形などで区別される。葉の付け根が茎を抱くかどうかがポイントになるが、見慣れると花びらの太さや量でも識別できる。

ハルジオン　*Erigeron philadelphicus*

多年生　花期　4〜8月

それがどうも覚えづらいという場合は、彼女たちの足元を見たい。花の時期、株元の葉（冬にロゼット※として広げていた葉）が残っていたらハルジオン、枯れてなくなっていたらヒメジョオンになる（姫様は、葉っぱのお布団を敷かない）。

見た目はそっくりであるが、生き物として見ると、まるで違う。

あなたの身近ではハルとヒメの「どちらが多い」であろうか。除草のとき、なんとなく数えながらやってみるとおもしろいものである。経験的にはヒメがかなり多め、という所感である。

意外なことに、ハルの結実率は30％前後と非常に少ない。人工授粉をすると約60％まで上げることができるが（自然界では昆虫たちがこの大役を担う）、その程度である。悪天候が長く続き、花嫁介添人（昆虫）が活動できないといった窮地に陥ると、自分の花粉で結実しようとする。成功率は5％ほど。彼女たちにとって、この数字は死亡宣告に等しい。身近な雑草たちと比べれば、種子の生存能力がとても脆弱で、寿命も短く、たったの3か月で発芽能力を失ってしまう。けれども農家や園芸家がハルの除草から解放される日は夢のまた夢。つまり、あの手この手で殖えているのである（後述）。

一方のヒメは、もっぱら自家受粉（自分の花粉で結実する）をする。どんな状況でも安定的に60〜80％ほどは結実する。しかもヒメの場合、自家受粉すら必要ないのだ。

※地表で葉を放射状に広げた状態

ハルジオン *Erigeron philadelphicus*

花弁はとても細くて数が多く、だいたい 150 ～ 800 枚ほどにもなる。葉の付け根が太くて茎を抱く。

ヒメジョオン *Erigeron annuus*

花弁はやや太めで数が少なく、だいたい 100 枚ほどしかない。葉の付け根が細くなり茎を抱かない。

開花したら、受粉をする前に（受胎告知もなしに）種子をこさえはじめる。こうした子孫繁栄の秘術は、ハルたちにはどう逆立ちしてもできぬ芸当である。

ハルたちは、まるで違う技芸に目をつけた。彼女らの性質につき、一般の図鑑では「1年生（＝1年草）」と紹介される。その年に芽吹いたものは、1年以内に寿命を迎える種族という意である。ガーデナーであれば「そんなはずはない」と思う。あまり知られていないが、より専門的な図鑑では「1～多年生」と表記が変わる。ハルたちは、その棲みかが気に入り、大きく育つことができると、「わたし、しばらくここでご厄介になります」と大きな根を張るようになる。この根の一部が充実すると〝不定根《ふていこん》〟と呼ばれるものに変化して、なんとここから新芽を出すようになる。あなたの手にかかり、本体が刈られたり、むりやり引っこ抜かれたりしても、地面の下に不定根が残れば、それはじっとりと再生をはじめ、新芽を出し、何年も居候を決め込むことができる。もしも棲みづらい場所であれば、体が小さなまま開花し、どうにかタネを飛ばして移動する。

一方のヒメは「1～越年生（＝2年生、2年草）」であり、芽吹いた年の次年に開花し、寿命を全うする。短命ではあるが、自分と同じ遺伝子を持つクローン（タネ）をたんと風に乗せるので、遺伝情報は連綿と続くことになる。

このように、ひとたび彼女たちと向かい合ってみようと思えば、その生き物としてのなまなかならぬ存在感と偉業を味わうことができる。

しかしながら、畑や庭園の平穏を守るには、彼女らの攻勢を抑える必要もある。たいていは鎌や草刈り機でバリバリと削ることが多いであろうが、前述の通り、根から除かないと再生してしまう。農薬も選択肢のひとつであるが、近年、ハルとヒメはパラコート系の農薬に「耐えてみせます、がんばります」という態度で、薬剤耐性を次々と獲得している。

厄介なことはほかにもある。「見分けが、つきません」

北アメリカからは、ハルとヒメ以外にもそっくりな別種がたくさん渡来している。たとえばヘラバヒメジョオン。葉っぱの縁にギザギザした鋸歯があるも、ほんのわずかであまり目立たない。名前の通り、葉をへら状に長く伸ばすのが特徴。数はそれほど多くない。もうひとつ、ヤナギバヒメジョオンがいる。このあたりから雲行きがだいぶ怪しくなる。下の葉はギザギザした鋸歯が明瞭だが、茎の中間から上の葉はギザギザが消えてツルッとしている。ヒメとヘラバが交雑したものと考えられており、どこでも見つかる。そのほぼすべてがハルやヒメと混同されているが、現状では、むしろ見分けられる人のほうがどうかしている。

1970年代にはすでに、さらなる種族（変種）が公式に発見・報告されているが、あなたがご存じない通り、これらの変種はほぼ歴史の闇に葬り去られている。紹介するのもたいそうな勇気がいるのだ。すべてを識別するのに必要なのは根気以外の何物でもない。まず何年にもわたって栽培・観察する必要があるのだ。本書をキッカケに、「なんと見事なオオハルジョオンだろう」とか「わたしの可愛いチャボハルジョオン」といった会話が紳士淑女の間でお茶会的に交わされる時代が来ると……それはそれでちょっと暑苦しいかもしれない。

この難問にあって、分かりやすく、おもしろい顔がいる。ボウズハルジョオンという。坊主とあるが、まるっきり坊主でないところがたまらない。

まあすぐに見つかるだろうと高をくくっていたわけであるが、さにあらず。調査を兼ねた取材で各地を転戦している合間、数限りないハルジオンたちの大群落を、目を凝らしつつ分け歩くのは、思いのほか辛い大仕事となった。すっかり諦めかけたとき、神戸の路傍で「おお！」と。それから東京でも出遭うことができたことから、各地の群落にちょいちょいと交ざっているようだ。そのお花たるや、写真の通り、花びらの刈り込み具合が〝寸止め〟である。この中途半端さというか往生際の悪さというか、すっとんきょうな花の様子がおかしくて可愛いくて。なにゆえそうしたのか、じっくりと問い詰めたくなる。

オオハルジョオン

草丈が 180cm を軽く超える大型種。

チャボハルジョオン

草丈が 10 ～ 30cm の小型種。

ヘラバヒメジョオン

葉が細長く伸び、全身もひょろひょろ。

ヤナギバヒメジョオン

上の葉には鋸歯がなく下の葉にはある。

ボウズハルジョオン

花びらがほぼない。数は極めて少ない。

最後に、あなたの心にトゲとなってひっかかっているかもしれない〝それ〟について書いておこう。「ハルジオンの変種がオオハルジョオンであると記載しているではないか。誤植であるか？」

命名における、よくある混乱である。まずはハルとヒメの由来について申し述べたい。歴史的な流れをたどると、その端緒はヒメジョオンに求めることができるようだ。

ヒメジョオンは姫女苑と書く。女苑《じょおん》は中国の文献に由来し、かの地に棲まうこの仲間につけられたもの。※根っこの姿が「艶めかしい女性の体」を思わせるから、という説がある。除草でえいっと引っこ抜けば、「おお、これぞまさしく艶めかしい。眼福眼福」というものに出遭うもので、なかなかの美しさにうっかり見惚れてしまう。旦那を畑や庭仕事にむりやり駆り出したときなぞ、これを忘れずに教えておけば、嬉々として抜き続ける（かもしれない）。

ハルジオンは、そっくりなのに女苑にならなかった。〝日本の植物学の父〟とされる牧野富太郎博士が命名したわけだが、日本には紫苑（シオン）という名の美しい在来種がおり、牧野博士はこれに通じる〝美〟をハルジオンに見たようである。女苑と紫苑は、その由来に明らかな違いがあった。しかし1970年代、分類学の世界でもハルジオンは〝ハルジョオン〟と表記されることが多かったのである。

※女苑とされた中国の植物が、現在の分類でどれに当たるのかは不明

その変種であるオオハルジョオン、ケナシハルジョオン、チャボハルジョオン、ボウズハルジョオンはすべて1972〜1987年にかけて報告されたもので、基本種の〝ハルジョオン〟のジョオンをそのまま引き継いでしまい、いまに至る。よって誤植ではないのだ。

このややこしい顔ぶれは、ごく身近に潜んでいるが、分布の詳細はまったく分かっていない。いまのところの使い道としては、わたしがそうするように、嫌がらせには最適である。

おもしろい変種の発見は、ハルジオンに偏っている。詳しく調べればヒメジョオンの新しい顔がいくつも見つかる可能性は十分にある（彼女たちは盛んに交雑するからである）。いまのところヒメジョオンの変種としてはボウズヒメジョオンが知られる（先にご紹介したのはハルジオンの変種、ボウズハルジョオンである。いよいよ落語のような解説になってきた。ここを読み返して誤植を探さぬように）。両者の違いは、基本種であるハルとヒメの見分けと同じ。共通するのは、花がボウズになるとともに、茎（とりわけ株元に違い部分）の〝毛〟が目立って少なくなる傾向が見られることだ。

植物屋たちは、こうしてジグソーパズルの無地のピースを、自分で探して増やして悩むのだから、実に始末に負えぬ。

ああ、憧れの〝総合対策外来種〟

ケナシヒメムカシヨモギ

とある昼下がり、SNSがマヌケな音をたてた。「探していたもの、ありましたよ！　ケナシヒメムカシヨモギ。たぶん間違いありません」

ぎゃっとなった。なななんだって、である。

メッセージの送り主は小林健人氏で、東京都八王子市にある長池公園の副園長を務められている。まわりから師匠と呼ばれるほど、卓越した観察眼と植物愛がみなぎってほとばしる御仁で、おもしろいものを見つけると、みんなに教えてくれるのである。

じっくり調べてみる必要があると付言するあたり、慎重な〝師匠〟らしいが、とにもかくにも真っ先に頭を貫いた衝撃は「先を越された！」であった。

ケナシヒメムカシヨモギという種族、そもそも「どんな姿なのか」、専門図鑑ではよく分からないことで有名なのだ。わたしの知り合いで見たことがある人はまったくいない。ナゾの生命体であった。

本書の担当編集者に緊急連絡を入れる。「ケナシヒメムカシヨモギが！」の一声に、「ぜひ行きましょう！」といってくれるあたり、誘っておいてなんですが、「やっぱり変わった人だなあ」。

ケナシヒメムカシヨモギ　*Erigeron pusillus*

１年～越年生　花期　9～11月

どんな植物かというと、まずはヒメムカショモギをご紹介する必要がある。ヒメジョオンたち（182ページ）と双璧をなすほどの〝迷惑雑草〟で、家を出たらもうそこらじゅうにおる。大きく育つと大人の背丈を軽く超える。たいてい小学3年生くらいで、小さなものはお座りしたハムスターくらい。

折り目正しく、背筋もピンと立ち上がり、そこに無数の小さな花をあつらえる。その様子は、くどい装飾で埋め尽くされた安っぽいシャンデリアを逆さまにした感じである。庭先はもちろん、鉢植えにも土足で入り込み、三杯飯を食らうタイプで、甚だ図々しい。多くの人にとって、名前を知る必要性すらまったく感じさせない。そんなことに思いを致すよりもまず「いま抜かねば！」と瞬間沸騰的に思わせる雑草である。放っておくと、数百どころか数千数万の総立ちとなるからである。近所の空き家や空き地を歩けば、それが現実となっている姿を存分に味わうことができるだろう。

そっくりなものにオオアレチノギクがいる。

「これ、わざわざ区別する必要、ありますか」と思ってしまうほどよく似ており、頭の中に違いが定着するまで相当な時間を要する。ふつうの人は混乱するので、悩んだ場合は「わたし、ふつう」と安心されたい。

花と総苞

冬のロゼット

ヒメムカシヨモギ　*Erigeron canadensis*

農家や園芸家にとっては“生涯の伴侶”を強いられるモーレツ雑草。放っておくと一面を埋め尽くす。花にはご挨拶程度の“花びら”を並べて一応の愛嬌を振りまく。秋冬のロゼットのときに除草しておくのがもっとも効果的。

花を見ると、オオアレチノギクの場合、白い花弁は微塵ほどしか見えぬ。これで野菊ですか、と文句のひとつもいいたくなるほど花びらに手を抜くやつである。その点、ヒメムカシヨモギはいくらかしっかりと花びらを伸ばし、ぴらっと広げる。ずっと野菊っぽい。野草研究家の山下智道氏が「ボクは葉の感触の違いが覚えやすいと思います」と教えてくれた。なるほど、ヒメムカシヨモギの葉はひどくザラザラするのだけれど、オオアレチノギクのそれはとても柔らかい。これは分かりやすい。姫はサメ肌でございます。

オオアレチもまた大食らいの放浪者で、あらゆる場所で群れている。ただオオアレチの名誉のために申し上げるが、ヒメムカシと比べればずっと「節度がある」。

両者とも、自分の花粉だけで種子をこさえることができる（自家受粉）。ところがオオアレチは結婚生活にいくばくかの希望を寄せているようで、自家受粉の数を抑え、よそから花粉が運ばれるのを待って結実する。その数は、ひと株でおよそ11万個ほど（草薙得一ほか、1994年）。

ヒメムカシは自立心が旺盛で、偶然の出遭いをひたすら待つ結婚よりも、自分のペースを大事に思うようで、ほとんどを自家受粉で済ませてしまう。その結果、結実数は約62万個（森田竜義、2012年）。当然ながら支配地域の広さと子孫の数に大きな差が生まれる。これほどそっくりなのに、どのようなキッカケでこの差が生まれたのか興味が尽きぬ。

花と総苞

冬のロゼット

オオアレチノギク　*Erigeron sumatrensis*

ヒメムカシヨモギと比べればいくらか大人しい。とはいえ園芸家泣かせなところは変わらず。花は愛嬌を振りまくことをやめ、見るからに質実剛健。ロゼットも武骨な風情。ヒメムカシヨモギは赤味が目立つが、オオアレチノギクはほぼ緑色。雰囲気や形も違う。

もっと分からないのがケナシヒメムカシヨモギの存在である。帰化種で、環境省が「その他総合対策外来種」に指定し、広く蔓延しているのだという。むかしからその名を聞き及んでおり、道を歩けばなんとはなしにヒメムカシヨモギの群落をのぞき込んでいたが、これぞというものがいない。あとで分かったのだが、関東で見つけるのは、広大な夜空で新しい星を発見するのに等しかった。小林健人氏はこれを見事にやってのけたのだからただただ驚くほかない。

小林氏が勤める長池公園へとひた走る。ケナシヒメムカシヨモギは、水辺でぼけーっと突っ立っておった。休日の真昼間、大人三人がわあわあいいながら、味も素っ気もない雑草を取り囲む。異様なぶら下がり取材である。ケナシというほど、毛がない。

その茎を接眼ルーペで見ると、わずかながら微細な毛があるも、ぱっと見た感じは色艶もよろしくツルッとしている。そしてつい忘れがちになる〝花の特徴〟がもっとも分かりやすい。正確には花の下にある総苞であるが、ウロコ状に並んだそれぞれの先端だけが「暗い赤紫色を浮かべる」。ヒメムカシたちは、このようなデザインを採用していない。

ケナシだけが「こだわりの彩色」を披露する。ほかにも立ち姿の雰囲気、葉の毛の具合などに違いが見受けられる。

やたらとよくいる種族の中にも「ちょっと違って、結構いいね」という顔が潜んでいることを知る。知って求めるのがこよなく愉しくなると、ようこそ植物世界の底なし沼へ、なのだ。

ケナシヒメムカシヨモギ　　**ヒメムカシヨモギ**

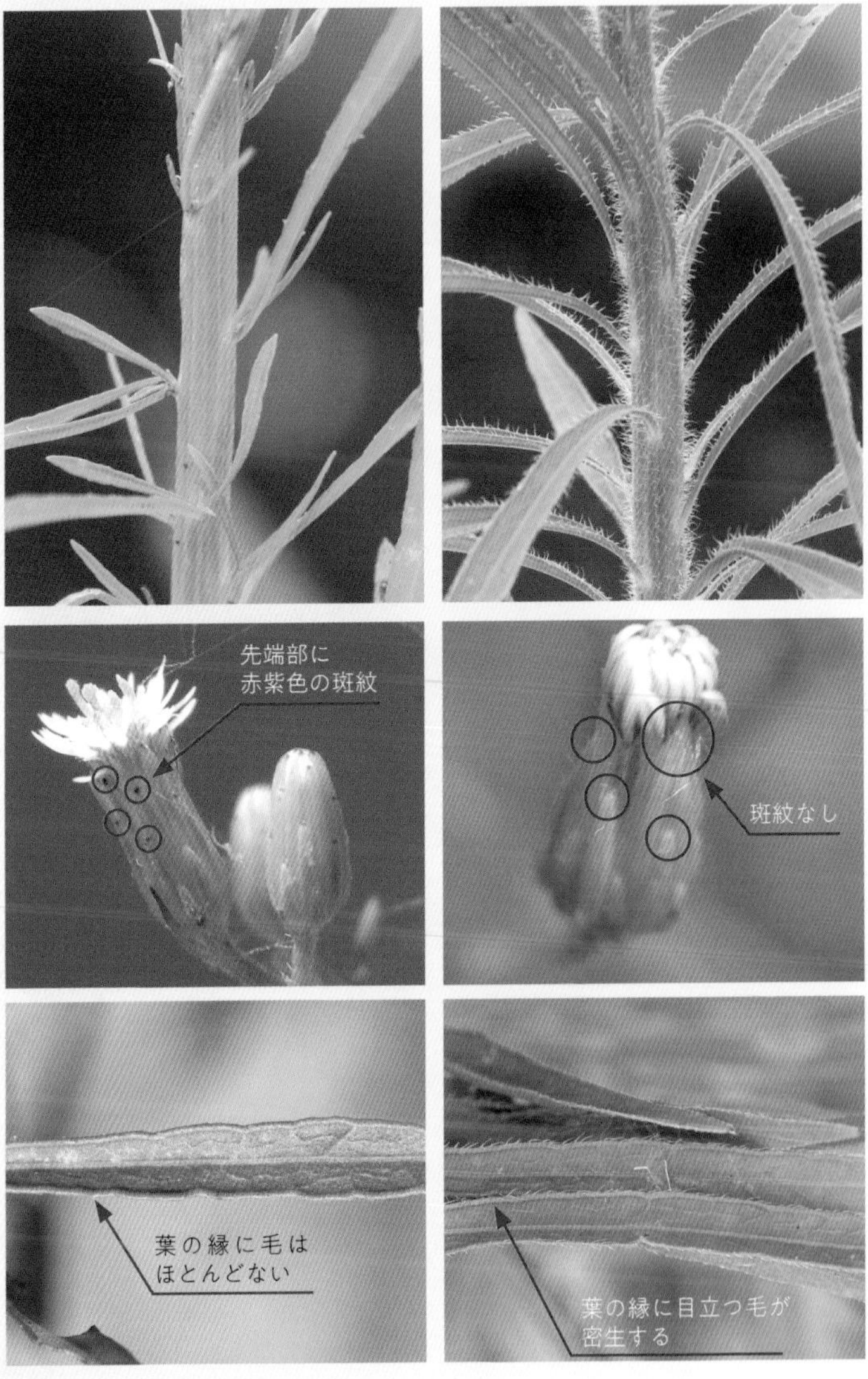

〝聖母〟たちの生命の奇跡

タカサゴユリたち

「純粋な白い花びらは、聖母の汚れない体を、そして金色の葯《やく》は神々しい光で輝いているその魂を意味するのだ」

聖ベーダ師（673〜735年）はこのように記し、聖母マリアの復活のシンボルにした（『花の西洋史事典』より）。時を経るにつれ、聖母の受胎告知を描いた美術品にも奇跡のシンボルとしてユリが登場するようになるが、多くの文化圏でも格別に神聖な存在として人を魅了し続けている。

左ページの写真は、日本の市街地でよく見かけるユリたちである。植物学の世界ではこれらを3種類に分ける。ひとつは園芸種や自生種と呼ばれ、もうひとつは園芸改良種、最後のものは〝雑草〟である（正確には〝帰化雑草〟と表現される）。

高速道路の法面《のりめん》※や中央分離帯、はたまた倉庫や工場跡地など、いささか不釣り合いな場所でユリの楽園をご覧になられたことがあるだろう。数百もの白いラッパが無造作に密集する姿は、繊細な植物屋の神経をいたく逆撫でする。けたたましいのだ。タカサゴユリたちの仕業であるが、高貴な白ユリの仲間で唯一〝雑草クラブ〟の入会資格を獲得した。

※人工的な斜面のこと。道路の両側または片側が法面となっている場合がある

園芸種 テッポウユリ　*Lilium longiflorum*

園芸改良種 シンテッポウユリ　*Lilium × formolongo*

帰化雑草 タカサゴユリ　*Lilium formosanum*

彼女たちは、いつ、どうやって入会資格を知り、それに見合うだけの技芸を身につけることができたのだろう。なにしろ彼女たちの祖先は、性格が大人しいテッポウユリだと考えられているのだから、ナゾは深まるばかりである。

テッポウユリは、屋久島から台湾にかけて自生する種族で、公園や住宅地で広く愛育される園芸種でもある（多くの園芸改良種が出回っている）。花色の基本は高貴な白。葉の幅が目立って広いことが重要なポイントになる。一方、雑草のタカサゴユリは台湾に自生する種族で、1923〜1937年ごろ観賞用に連れてこられた。つまり当時は格式の高い〝園芸種クラブ〟に所属していたことになる。

近年、遺伝子の研究により「原型（祖先）はテッポウユリだと推測される」となったが、その生きざまを比べてみれば、それはもう、驚くほど違うのだ。

まず雑草になれたタカサゴは、自分の花粉で結実する。テッポウユリはそれをとても嫌う（ほかの仲間から花粉をもらうことで初めて結実する）。つまりタカサゴは、1個のタネさえあれば、これを女王にしてどこにでも大群落を築くことができる。テッポウユリは、近くに仲間がいないと結実できぬため、こんな芸当は無理だし、やりたくもないようだ。

次にタカサゴは、発芽からわずか9か月ほどで開花できる。たとえば秋に発芽したら翌年の初夏には開花・結実できる。テッポウユリは開花するまで通常3年ほどかける。

園芸種 テッポウユリ

園芸改良種 シンテッポウユリ

帰化雑草 タカサゴユリ

こうした違いが、〝素敵な園芸種〟として長く愛育されるか、〝ド根性雑草〟として野辺を蹂躙してまわるかの分水嶺《ぶんすいれい》となったわけだが、やはり「そのように変化できた理由」というのが不思議で仕方がなく、タカサゴユリの出現は、生命を研究するうえでとても興味深い存在である。たいていの雑草たちも、多かれ少なかれ、我々が想像しうる方法を超えたところで、「雑草になることができた」ようなのである。おそらくここには、植物だけでなく、目には見えぬ微細な黒子たち（ウイルスや共生微生物群）の活躍が潜んでおることであろう。

さて、道ばた世界に横たわる大問題（密かな愉しみともいう）は、さらに続く。

あちこちをほっつき歩き、タカサゴユリを調べておると、すぐにむむと唸るハメになった。タカサゴの特徴は、花びらに紅い筋状の模様が入ること（テッポウは真っ白）、葉が線のように細いこと（テッポウはぽってりと幅が広い）。ところが、紅筋がなく白一色で、葉は細いがタカサゴユリよりやや太め、といったへんてこなユリが、道ばたの側溝や荒れ地で林立していることに気がつき、ひどく悩まされた。

シンテッポウユリといい、テッポウとタカサゴが掛け合わされて作出された園芸改良種が、いつの間にか広がっていたのである。両者のよいところを併せ持つため、なかなか人気を博したようで、各地で愛育されたが、雑草根性も引き継ぎ、見事に野辺へと逃亡。近年、驚くような勢いで勢力を拡大している。シンテッポウは、花の付け根を見ると分かりやすい。ほんのわずかだか緑色が差している（テッポウは白、タカサゴは紅色）。

　三者とも、その違いはほんのわずかだが、これを知ることで身近な自然界のダイナミクスを味わうことができる。ご先祖のテッポウユリは、まず間違いなく植えられた場所でしっぽりと気品を保つ。タカサゴは、持ち前のフロンティア精神でもって、在来種の迷惑顔も気にかけず、無節操なほど殖えることに一所懸命。しかし、タカサゴのこうした動静に、いきなり大きなうねりがやってきた。

　各地に広がるタカサゴユリの大群落をいくつもチェックしており、仕事に必要なとき、すぐに写真を撮りに行けるようにしていた。昨年、新しい書籍用にと、車を走らせるや、サーッと血の気が引いた。10年もの長きにわたり、けたたましいほどに咲き誇っていた大群落が、深夜のＪＲ神田駅前みたいに、ほんの数株になっている。これでは絵にならぬと、慌てて別の場所へ向かう。「こっちはぜんぶ、シンテッポウに置き換わっとるのか！」

　タカサゴの大群落などたくさんあるからと、撮影を後回しにしたのがまずかった。締め切り間近、壮観な群落はついに見つからず。

　タカサゴどもにいったいなにが起きたのか、またしてもナゾが増えた次第である。

忘れ去られた野菜たち

シロザやナズナなど

不思議なものだ。外国産の植物というだけで、高級な食材として愛されることがある。キヌアという南アメリカの穀物は、スーパーフードとして市場を席捲しておるが、育ててみれば、なんだシロザじゃないか、ということになる。成分には多少の違いはあるだろうが、見た目はそこらじゅうに生えているシロザとそっくり。

我が国では、シロザは、畑の〝野菜〟であった。古代から江戸初期にかけての畑地の風景は、いまとはまるで違っていた。イモといえばサトイモで、サツマイモやジャガイモは存在しない。トマトやスイカも見る

キヌア
Chenopodium quinoa
＊世界では英名quinoa（キノア）で流通

シロザ
Chenopodium album var. *album*

ことはなく、その代わりに、いまでいうところの〝畑の雑草〟が主役であった。ナズナは、美味しい野菜のひとつであり、シロザと並んで薬草としても評判が高かった。スベリヒユ、アザミの仲間、ハコベ、コナギなども古くから〝野菜〟として君臨してきた。変わったところでは〝ゲゲナ〟がある。いまでいうウマゴヤシという種族で、その名の通り牛馬が好んで食べるほか、人間の食用・薬用に利用できるため、盛んに栽培された。

あるときを境に、この作物たちは雪崩を起こして〝迷惑雑草〟まで凋落《ちょうらく》する。西洋野菜の来航である。江戸中期ごろからもたらされ、はじめは怪訝《けげん》に見ていた農家たちが、その真価に気づき、競うように栽培をはじめた。使える土地はどうしても限られる。シロザやナズナたちは、あえなく外へおっぽり出された。

20世紀末ごろになると、〝忘れ去られた野菜たち〟が、実に静かな復活の声をあげる。国連のWHOをはじめとする各機関が、世界各地の伝統食や民間薬の再調査をはじめ、医学薬学の分野で、高く評価されるようになった。しかしながら、研究成果はいまだ道半ばで、妄信するのはたいそう危険。

さて、身近な道ばたの世界というものは、刻一刻と、その姿を変える。あなたが手にしたナズナが、古来、日本に棲みつくナズナであるかは甚だ疑わしい（162ページ）。そもそもふつうの植物であったものが、〝雑草〟と呼ばれるまで繁栄できたのは〝柔軟に変化できる〟からである。はじめから天才の雑草などは存在せず、どれもが泥くさい失敗を重ねては、煩悩《ぼんのう》に従って不断の努力を続ける。まさしくそこが、愛おしい。

むかしは野菜、いま雑草

ナズナ
Capsella bursa-pastoris var. *triangularis*

スベリヒユ
Portulaca oleracea

ノアザミ
Cirsium japonicum

ミドリハコベ
Stellaria neglecta

コナギ
Monochoria vaginalis

ウマゴヤシ
Medicago polymorpha var. *polymorpha*

第3章

一度気づけば存在感大！なんとも悩ましき顔ぶれ

遊びの効能と毒の効能

ドクゼリ

よくある質問のひとつに「これ、ドクゼリでしょうか？」がある。わたしに聞いてくる方は、すでにいくつもの図鑑で調べていらっしゃる。素晴らしいことであるが、おのずとこちらも「それ以上の解説」をして当然となり、心中、とってもあたふたする。

「根元がワサビのように太り、これを割るとタケノコみたいな空洞がある」

これは正しいが、例外もある。根元がここまで大きくなるには数年ほどかかるので、若いドクゼリは、セリの根っことあまり変わらなく見える。いちいち抜かんと分からんのかと思う人には、次のような解説が試みられる。

「ドクゼリには、セリのような香りがない」

実際には、セリに似た香りがする。弱いのだ。まったくない、というわけではない。だいたいドクゼリには〝経皮《けいひ》毒性〟が知られており、気軽に触ると皮膚から強い毒性が浸透する可能性がある。素手で触るのは大変よろしくない。

根を掘らず、茎葉も触らず、ドクゼリを見分けるには「全身を見る」のが一番である。

ふつうのセリであれば、根元からすっと茎が立ち上がり、この茎から葉っぱを出す。

ドクゼリ　*Cicuta virosa*

多年生　花期　6～8月

ドクゼリは、若苗のころは茎を出さず、すべての葉は根元から伸びる。さながらシダ植物のような姿。ただ花茎が立ち上がる時期になると、ここに葉をつけるようになる。

問題は、新芽の時期、まさにセリ摘みの時期にどうやって見分けるかである。これぱかりは葉の形を覚えるしかない。写真と文字を頼りに、頭で覚えようとするのは大変危険で、たいていなにかを間違って覚えてしまう。中毒事故が絶えないのは、まさにこれが理由。本気で覚えたい場合は、自生地を何度も訪ねるのがよい。もっともよい方法は、それを口実に、毒草に詳しい人をとっ捕まえて、観光がてら旅行すること。ドクゼリの自生地は、なぜか風光明媚な場所が多いのだ。お勧めは、4月下旬~5月上旬と、7月（地域にもよる）。山地の季節はその歩みがとても遅いので、4月下旬でも新芽や若苗が見られる。7月は開花期に当たる。ドクゼリの花は、澄んだ華やぎに満ち、美しいことこのうえない。

有毒植物は、旅行だのお茶会だの、とにかく遊びと結びつけながら観察してみることがなによりも重要である。「見に行きなさい」といわれたらカチンと来るけれど、「ぜひ遊びに行きなさい」であれば悪い気はしない。とりわけ猛毒と呼ばれる植物は、姿もユニークで雰囲気も独特。若葉のころ、花の時期、結実の時期の年3回、「わたし、この世界のこと勉強してくるわ」と、元気よく家を飛び出す口実ができた。

致死性の猛毒物質シクトキシンは、ごく微量で中枢神経系に大混乱を巻き起こし、呼吸不全などを誘発する。経皮毒性があるため、気軽に触ったりするのは避ける。若葉の時期、自生地周辺ではセリと間違えやすい。写真下段の通り、かなり違うのだが、怪しいと思ったら、自分で判断せずに専門家の指導を仰ぎたい。

セリ珍問答　ヤマゼリたち

やはりよくある質問のひとつに「これ、ヌマゼリでしょうか？」がある。セリの仲間はなにかと我々を悩ませるものである。差し出されたものを見れば、ふつうのセリである。なにが違うかといえば「採ったところ」。小川のふちであるようだ。

地域によって、あるいは世代により、セリの呼び名が変わる。有名なのがタゼリとヌマゼリ、そしてサワゼリ。田んぼで採れるのがタゼリ。これが香味豊かで美味。池沼《ちしょう》のまわりで採れるのがヌマゼリ、渓流のそばのものがサワゼリ。どちらも食感が柔らかく、風味と香りに丸みがある。「形態に微妙な違いがある」として区別する人もあるが、分類学上は、すべて〝セリ〟。ただし風味には明らかな違いがあるので、料理に使うときは「タゼリがよい」といわれ、それは「田んぼで採ってきてください」という意味だ。

ややこしいことに、ヌマゼリという植物は、また別にある。セリとは形が違うため、図鑑などで確かめてみるとよいだろう。さらに厄介なのは、ヌマゼリの別名がサワゼリであること。すでに混乱しましたか、そうですか。

ヤマゼリは、山に生えるセリ、ではない。平地に育つセリとは姿が違う珍しい種族。

ヤマゼリ　*Ostericum sieboldii*

多年生　花期　7～10月

東京都の檜原村《ひのはらむら》の山奥に入ったとき、人が並んで歩けないほど狭い小道に、おすまし顔した美しいセリ科植物がすっと立っておった。あまり見覚えがなく、さりとて特徴もなく、ひとしきり首をひねっていると、「どうしました？」と野草研究家の山下智道氏がのぞき込み、「これ、おもしろい！」とその目を輝かせた。お互い目をとがらせて吟味しておると「ヤマゼリ、かなあ」と山下氏。さすがである。地主の許可を得ていたので、標本を採集し、調べたところ、ヤマゼリに相違なかった。

ヤマゼリは、タゼリ、ヌマゼリの延長にあって「セリが山で育ったタイプ」だと思い込んでいた。図鑑では幾度となく見てきたが、その写真から、ふつうのセリとの違いをほとんど嗅ぎ分けることができなかった。実際に見て、あまりの違いぶりに驚いた。

ヤマゼリの葉は、とても幅が広い。そして花の柄の付け根に、袋状のものをぺろんとぶら下げる。セリとの違いが分かっても、ほかのよく似たセリ科植物がゴマンと控えておる。そのうえでヤマゼリを正しく導くのは、相当な手練《てだれ》でないとむずかしい。なぜなら全国13府県で高度の絶滅危惧種になり、見たいときに出遭える顔ではなくなってしまったからである。

セリひとつをとっても、これをややこしいと見るか「実におもしろい」と感じるか、人それぞれではあるけれど、貴重なヤマゼリを食べたところ、それはもう絶品であった。風味もさることながら、山野の中からこれを見分け、味わうことができた満足感がひとしお。

ヤマゼリの葉っぱは、セリのそれよりずっと大きく幅が広い。茎や葉っぱに目立つ毛がないのも大きな特徴。花の時期であれば、花柄の付け根をチェックしてみたい。セリとの明らかな違いは、写真下段のように、付け根に袋状になったものがあることだ。山地や丘陵にはよく似たセリ科植物が多く悩ましいが、知るほどにおもしろくなる種族でもある。

ひょっとしてハッとして　ドクニンジン

ドクゼリ（210ページ）は、探してもなかなか見つからない時代になった。中毒事故は絶えないものの、むかしに比べると激減したのは有り難い。その一方、ドクニンジンという猛毒草が殖えている。あまり知られるところではないが、注意が必要な時代を迎えている。猛毒草を知るには、奇妙なほど〝対〟になる山菜があるもので、話はそこからはじめよう。

シャクという、実にうまい山菜がある。晩春から初夏にかけて、河原のそば、雑木林のへり、田んぼのまわりなど、湿り気のある場所に好んで育つ。繊細に切れ込んだ羽状の葉っぱが大変美しく、花が咲く前にこの葉を摘み、爽やかな風味と歯ごたえを愉しむ。全国に広く分布し、各地でよく知られる山菜であるが、ドクニンジンは驚くほどこの佇まいと似る。

その名前こそ有名であるが、ハーブなどを専門にやっている人でも、ドクニンジンの姿はもちろん、よく似た植物との見分け方を知る人は滅多にいない。植物屋でも、成長過程を観察したり、野辺で野生化したものを見たりしたことがある人はごく限られる。

立ち姿を見ると、ほとんど同じ。覚えておくべきポイントは、ふたつ。

ドクニンジン　*Conium maculatum*

越年生　花期　6～7月

ひとつが〝茎〟。もうひとつが〝結実〟。

まず茎であるが、山菜のシャクの場合、緑色をしている。ドクニンジンの場合、赤紫色した〝だんだら模様〟を血のようにぬうっと浮かべる。これが非常に分かりやすい。

もうひとつの結実も、写真の通りまったく違う。シャクはツルッとしてシンプルなデザインを採用するが、ドクニンジンはつぶれた楕円形で、縦じま模様をたくさん並べる。

分類学的には、ほかにも多くの相同があるも、微妙な情報が増えるほど、悩みが増すだけ。まずもって生命の安全を確保するには、このふたつを確実に覚えておきたい。

困ったことがひとつあって、若い苗のころは、ドクニンジンの茎に〝だんだら模様〟が浮かんでいないことがある。悩んだら、絶対に手をつけないこと。ドクニンジンであった場合、繊細な人だと匂いだけで頭痛や吐き気を起こすことがある。「なんとしても識別したい」という場合、仕方がない。葉をご覧ください。シャクの場合は、葉の縁や葉脈のところに柔らかな毛をたくわえております。ドクニンジンはツルッとして、毛がございません。しかし重要なことは、「悩んだら、近づかない、手をつけない」。

いまのところ北海道、関東、近畿、中国地方の一部で野生化していると報告される。ごく限られた地域のように見えるが、野生化した場所を訪れると、あたり一面、ドクニンジンだらけ。身を守るには、ちゃんとした図鑑と、「ひょっとすると……」をお忘れなく。

ドクニンジン　*Conium maculatum*

①茎に赤紫のだんだら模様あり
②結実は寸詰まりの楕円形

シャク　*Anthriscus sylvestris*

①茎は緑色でだんだら模様なし
②結実は細長い楕円形で、2色使い

強請って集ってまた揺する

ヤブジラミたち

〝たかる〟という表現が、この生き物にはふさわしく思われる。〝たかる〟は「集る」のほか「強請る」とも書かれる。後者は〝ゆする〟とも読み、これは、むかしの芸妓さんたちの世界で生まれたといわれる。お客がこれから〝自分のお客〟になってくれるかどうか、その本心を探るために〝揺さぶり〟をかけたことから来ているらしい。ちょいとばかし冷たい態度、強い言葉を織り交ぜることで、好意の度合いを推し量っていたのだそうだ。

藪虱《やぶじらみ》と書くように、藪のほか、草むら、道ばたに集《たか》っている連中である。見た目は山菜のシャク（221ページ）を思わせ、棲みかの好みまで同じくするため、とてもまぎらわしい。慣れると葉の姿で分かるようになるが、これは結構、時間がかかる。これまでは、葉をちぎって食べてみると、シャクはクセがなくよい香りがして、ヤブジラミはひどく苦いと案内できたが、ドクニンジンの進出を機に、こうした解説は危険になった。そう、ヤブジラミ、シャク、ドクニンジンは、なんともよく似ているので困る。

虱《しらみ》の名がついたのは、もちろん〝集《たか》る〟ため。

花の時期になると、シャクやドクニンジンとはまるで違う姿になる。

ヤブジラミ　*Torilis japonica*

越年生　花期　5～7月

ヤブジラミたちは白い小花をちらほらと咲かせるだけ。豪華な花束を広げるシャクたちと区別ができる。その後、小さな果実をちょんちょんとつけるが、よく見るとトゲだらけ。いわゆるひっつき虫となり、あなたの衣服、靴などにぺそりと貼りつく。連中は決まって道ばたに腰を据え、やや斜めに立っている。いかにも「ねえねえ旦那。ちょいとこちらへおいでよ、ねぇ」という具合で、そばを通るだけでくっつけられる。何十個となく！もはや〝強請《たか》り〟であり、結実の姿もどことなく虱を思わせ、これに集《たか》られてしまう。実に的を射た命名といえる。この虱、むかしはお腹の虫を追い出す駆虫薬にされたようである。

さて、本章のはじめからこちら、ずいぶんとあなたの心を揺さぶり続けてきた。よく似たものがあまりにも多過ぎて、ほとほとイヤになった方もあろう（これはあなたのご機嫌をうかがう〝強請《ゆす》り〟である）。身近な自然は、覚えようとするや、たちまち分からなくなる、辛くなる。そこにきて追い打ちをかけてくるのがオヤブジラミなのだ。

葉っぱの縁、花びらのまわりに、ほのかな紅色が差していたらオヤブジラミであろう。花のない時期に見分けたい場合は、葉を見る。葉の、それぞれの先端部がひょろりと長く伸びていればヤブジラミ、全体がバランスよくこぢんまりとまとまるのがオヤブジラミ。

花がない時期は、シャクやドクニンジンとよく似ている。見慣れないうちは花や結実の時期を待ってから覚えるのが賢明。とりわけ結実の“虱”の姿はユニークなので記憶に残る。葉の姿でオヤブジラミを見分けることができたら相当なものである。

オヤブジラミ　*Torilis scabra*

葉の先端部が長く伸びるヤブジラミ。

オヤブジラミの葉。

てっぺんから足の先まで

ヌスビトハギたち

盗人萩《ぬすびとはぎ》と書く。どのへんが盗人かというと、その結実。

全国の道ばたや雑木林などに棲み、虎視眈々、あなたが気持ちよく通り過ぎるのを待ち構えている。マメの仲間だけあって、3枚の、ひし形になった葉っぱを行儀よく並べる。ツルにはならず、株立ちになり、でんと生い茂る。

花はなんとも愛らしく、濃淡も豊かな桃色紅色。すうっと伸ばした花穂に、ちんまい花をぱらぱらと振りまくように咲かせている。木立が生い茂る、やや湿り気がある日陰が、彼女たちの好みに合う。木漏れ日が美しい森の散策路では、道ばたなどに整然と並んでいる。怪しい飲み屋が軒を連ねる、都内の裏通りがごとし。ぼったくられる心配はないのだけれど、その代わり、お土産をたんと押しつけてくる。それも抜き足差し足忍び足。

結実の姿を見ると、だいぶ変わった格好をしている。これを「盗っ人の足跡」に見立てた先達の感性はまったく素晴らしいもので、ほかの名前をつけたいとも思わせぬ。

日本の木造家屋では、足音を消すのに相当な鍛錬がいる。むかし、父親の仕事で山形に越したとき、仮の住まいが古民家であった。

ヌスビトハギ　*Hylodesmum podocarpum* subsp. *oxyphyllum* var. *japonicum*

多年生　花期　7～9月

年季の入り方は半端でなく、なにもしなくても家が呼吸をするかのごとく音を立てる。足音を立てると家中に響き、礼儀に厳しい父が鬼の形相で雷を落とす。どうにか音を立てずに走りまわれぬものかと試行錯誤した。つま先立ちであると、体重が集中して床がギシッとうめく。すり足は、確かに音はせぬが、古民家で毎日これをやると、ささくれが足に刺さりまくってひどい目にあった。ううむ。

大人になり、ある文献でヌスビトハギの解説を読み、そうかと膝を叩いた。足の裏の、外側だけを床につけ、ゆっくりと歩く。こうして忍んで歩いたとき、その足跡は、ヌスビトハギの結実そのものである。ははあ。

この結実をよく見ると、細かいトゲが密生している。ひっつき虫である。しかもかなりしつこいタイプだ。ヌスビトハギは、花穂をムチのように長く伸ばし、だらしない様子で道ばたに向かって垂らしている。知らぬ間に、まんまとその手にかかり、タネ蒔きを手伝わされることになる。フィールドワークや環境保全活動では、文字通り、頭のてっぺんから爪先までヌスビトハギのお子様で埋め尽くされる。これがなかなか剥がれぬのだ。

日陰を好むヌスビトハギのほかに、やや日向を好む種族が加わった。帰化種のアレチヌスビトハギである。その花がおもしろく、天狗のお面みたいに太い鼻をずんと伸ばす。

ドロボウグサ、トビツキグサなどの地方名があるほか、カラスノキンチャクと呼ぶ地域もある。すべて結実の姿や性質に由来するところが興味深い。近ごろ増えているアレチヌスビトハギ（写真下段・右）は北アメリカ原産で、花の姿がひときわユニークで覚えやすい。この仲間はよく似たものが多く、悩ましいがおもしろい。

ヌスビトハギの結実。

アレチヌスビトハギ
Desmodium paniculatum

製薬原料の大暴走

シャクチリソバ

福井県のあわら市を案内してもらったとき、「そば処 日の出屋」さんで本物のそばを馳走になった。すりおろした辛味大根の出汁《だし》に手打ちそばを軽くからめ、勢いよくすする。刹那、豊穣で、複雑な辛味と香味が幾重にも広がり、もう夢見心地。

北軽井沢で食べたこだわりの手打ちそばも衝撃であった。店主がけたたましく口上を述べ、その話といいそばといい、見事にマズい。あげく値段が高い。

そばもぴんきりであるが、ソバという植物自体もいろいろ。シャクチリソバは、どちらかというと医薬品原料の分野で大活躍する顔である。

各地の河川敷で、とても数え切れぬほどの大群落を築く。どう見てもうさんくさい雑草にしか見えぬものの、まっことと正統派のソバである。秋になると、一面のお花畑となるが、この花、大変愛らしい。ぱっと見ると「なんとなく白い花畑」くらいであるが、顔を寄せると、清楚で凛々《りり》しい花びら、その合間から広げる雄しべの明るいピンク、それぞれが織りなすレイアウトと色彩のコントラストは、ただそれだけで賞賛に値する。ここに明るいグリーンの結実を垂らしてゆくが、花穂の合間にこれが交ざるといっそう映える。

シャクチリソバ　*Fagopyrum dibotrys*

多年生　花期　7～10月

若い葉っぱを噛むと、とても苦い。花はやや甘みがあるも、あとから苦味が湧いてくる。ルチン、クエルセチンなどの苦味成分が豊富な証拠である。ルチンは多くの生活習慣病を予防・改善する成分として世間の耳目《じもく》を集めるが、シャクチリソバの地上部はルチンの製造が大好きなようで、ひまさえあればせっせとこさえる。医薬品や健康機能食品の原料として栽培されるようになったが、野辺に広がったのはそれ以前からである。

栽培されているソバについて、その母種となるものがなんであったのか、分からないことが多い。２０１２年には陳　慶富氏によって「シャクチリソバが祖先である」と発表されたが、その後、京都大学の大西近江名誉教授らが「シャクチリソバと栽培ソバが分かれたのはおよそ１００万年前」で、「直接の野生祖先ではありえない」とする。なにしろシャクチリソバと栽培ソバは「交雑できない」ほど血縁が離れてしまった（大西近江、２０１８年）。栽培ソバは１年草であるけれど、シャクチリソバは多年草という違いもある。

さながら化学工場のように、ルチンをはじめとする有機化学物質をこさえては、まわりに散布する。そのせいか、なみいる強豪植物のそばでも、怯《ひる》むことなく楽園を築く。その生命力の素晴らしさと美しさを、身近な河川敷で堪能できる。もちろん、古くから棲んでいる在来種たちはひどく迷惑顔。どうしたものか、真剣に考えるべき時代を迎えている。

これも覚えておくとよい有用植物。ソバの実を集めて打てば立派なそばになるという。シャクチリソバでそばを打ち、ハマダイコンの根を使って辛味大根そばをこさえたらさぞかし愉しいだろうと思い、この野趣溢れるグルメな好機を密かにうかがっている。

葉姿

結実（ソバの実）

最後の饗宴

セイタカアワダチソウたち

彼女たちは、自らの意志でやってきたのではなく、観賞用としてむりやり連れて来られたというのが本筋のようだ。第二次世界大戦の前には来日しており、爆発的に殖えたのは戦後になってから。焦土と化した日本の市街に広がったといわれ、せっせと焼け野原の緑化に励んでくれた功労者ともいえそうである。

1960年代後半に、とある学者が「花粉症の原因になる」といい、マスメディアが飛びついた。ずいぶんと長きにわたり報道されただけあって、いまも信じている人が多いのだけれど、基本的には誤りである。セイタカアワダチソウは虫媒花で、虫に花粉を運んでもらうため、花粉をあまり飛ばさない。いささか踏ん切りが悪い表現を続けておるが、実はわずかながらも花粉を風に乗せるそうだ。その影響はハウスダスト以下という。

近年になると、アレロパシー（他感作用）によって、「セイタカアワダチソウは、自分が分泌した成分のせいで自滅する」といわれるようになった。彼女たちの群落と出遭ったとき、その足元を拝見すると、ほかの植物がまず生えていない。根っこから特殊な成分を出して、ほかの種族の発芽や成長を邪魔するから、といわれる。

セイタカアワダチソウ　*Solidago altissima*

多年生　花期　10～11月

その後の研究から、この特殊成分がもっとも効くのは彼女ら自身であり、シロザ、ススキ、キンエノコロなどはあまり影響を受けないことが分かった。最近のメディアで、都会から彼女たちが姿を消していると報道され、一面、確かに感じるところであった。一方、郊外や里山では、ススキにあえなく駆逐される場合を除き（ススキのほうが断然強いのである）、長年にわたって大群落で元気よく茂っていることが多い。つまり「自家中毒で減少した」というのは、やや強引な結びつけのようだ。

20年ほど前から、彼女たちを「保護しよう」という動きが出ている。ミツバチたちの「例年最後の饗宴[※]」のためだ。あの黄金の花穂には、驚くほど多くの生き物たちが寄り添う。どれもあまり見栄えのしない顔ぶれだが、植物世界においては大事な花嫁介添人ばかり。セイタカアワダチソウの英名を〝黄金の杖（ゴールデン・ロッド）〟というが、野辺で暮らす小さな生き物たちが、どうにかして厳しい冬を乗り越えるための生命の杖として振る舞う。植物屋よりもずっと前から、虫屋は大いなる感謝を向けてきた。

さて、セイタカアワダチソウにそっくりな帰化種もいる。オオアワダチソウという。知名度はないに等しいが、見分けるポイントは実にシンプル。広い地域で見つかっているので、晩秋のお散歩にて、ちょいと腕試しなぞを。

※秋に花粉も蜜も出す植物は少なく、セイタカアワダチソウはミツバチにとって越冬用の貴重な蜜源となる。そのハチミツは濃厚だが香りにクセがあるため、日本ではあまり採取されない

地下茎を地面の浅いところで張り巡らせ、大群落を築く。実は「切断には弱い」という習性があって、晩秋から初冬にかけて、耕運機などで根を細断されると再生がむずかしくなる。よく似た仲間たちも帰化しており、オオアワダチソウ（写真下段・左）は茎が無毛である（セイタカアワダチソウは微毛が密生する）。

オオアワダチソウ
Solidago gigantea subsp. *serotina*

セイタカアワダチソウの茎。

風を染める黄色いネバネバ

ブタクサたち

まごうことなき花粉症の家元はこちら。友人のひとりは〝その気配〟だけで身震いする。まさかと思い、草むらをかき分ければ……本当にいた。

取材で各地を歩いていても、ブタクサは、あまり見ることがない。全国を飛びまわる研究家も「ごくたまに、見かけるくらい」と口を揃える。ブタクサは、その葉の姿がすこぶる美しいことで、植物屋の心をいたく惹きつける。

葉の切れ込みは「細からず、太からず」すべてがゆるやかな曲線で描写され、精緻で柔らかな銀毛がこれをくるむ。それだけでも洗練を極めたイスラム美術のようであるが、これを幾重にも広げて立ち上がる様子は豪著《ごうちょ》というほかない。庭園に飾っても、そこらの園芸種などではとても太刀打ちできぬほど、存分な品格を放つ美麗種である。まあ、同じ品格を求めるなら、チャービル※を植えることをお勧めするにしても。

いよいよ花期を迎えれば、もちろん、大変なことになる。アダムスキー型UFOみたいな花穂を、提灯《ちょうちん》飾りみたいに賑々《にぎにぎ》しく（見る人によっては毒々しく）飾り立て、通り過ぎる夏の風を、それは上手に捕まえる。最盛期に、花穂をちょんと揺さぶれば分かる。

※セリ科で、グルメのパセリとも称されるハーブ。フランス名でセルフィーユ

ブタクサ　*Ambrosia artemisiifolia*

１年生　花期　7～10月

「こ、これは……」、そよ風が黄色に染まる。それもぬめぬめと、納豆に負けぬほどまで糸を引く。衣服につこうものなら悲劇となり、鼻腔に入ろうものなら惨劇となる。

ブタクサは、長いこと休眠することが知られる。環境の変化に敏感で、なにか気に入らぬことがあれば、子どもたちは種子という冬眠カプセルで長い時間を過ごし、実に根気よく好機を待つ。よって数が減ったように見えても、地面の下で予備役兵が無数に控える。

近年になって、ブタクサたちがいささか息を潜めつつあるなか、オオブタクサが台頭した。これは壮絶。

ブタクサも最大3メートル超まで育つが、オオブタクサは「ふつう3メートルを超える」という超大型種。雑木林のまわりや荒れ地で密集する。そう、彼女たちの悪癖は〝集団行動〟にある。春先、どの植物よりも早く発芽し、急ピッチで成長をはじめる。大人の膝丈ほどまで育つと、ちょいとまどろむかのように大人しくなる。晩春になり、降雨が続いて陽ざしが強くなるや、それを号砲に、とんでもない急成長を展開する。ほかの植物たちはとても追いつくことができず、日照権を完全に奪われ、御暇乞《おいとまご》いを余儀なくされる。

草刈りでなぎ倒しても、すぐに再生し、今度は小さな体で開花・結実する。除草をまんまと逃れた場合、花粉をより高い位置から、ずっと多くまき散らすため、大群落のそばでは春のスギ林がごとく風を黄色く染める。この巨大種が1年生なのだから驚くほかない。

ブタクサは北アメリカ原産で、明治初期に入国した。急速に広がったのは昭和になってから。オオブタクサは1952年に初めて定着が確認され、じんわりと広がった。少し前の図鑑では「ブタクサのほうがずっと多い」と解説されているが、近年、これが完全に逆転。オオブタクサが圧倒的に多くなった。アレルギーを持つ方はこの姿（写真下段）を覚えておきたい。

オオブタクサ　*Ambrosia trifida*

堅牢な堅実さでちょんちょんと

イチビ

とてもよく目立つのに、滅多に質問を受けない植物があって、イチビもそのひとつ。どこに行っても、道ばた、草地、畑のまわりなどで、態度がやたらとでかく茂っておるのだが、まるで人の興味を惹かないようだ。農家さんは別にして。

さながら支柱を地面にぶっ刺したかのように、起立の姿勢でおっ立ち上がる。ぱっとの見ため、キュウリの葉っぱを思わせる葉を大きく、ややだらしなく広げる。というのも、野太い茎から葉っぱにかけて、とても長い柄が伸びているからである。この柄、華奢なように見えて、かなりの強健。台風にも負けぬしなやかさでもって、葉っぱをしっかりと支えている。なにしろ繊維を採るために栽培されただけあって、体の丈夫さは折り紙つき。

ひとつひとつの葉を、やたらと大きく広げる代わりに、その枚数はとても少ない。彼女たちの賢さのひとつで、ひとつの葉で最大限の仕事をまかないつつ、しかも下の葉が上についた葉の日陰にならぬよう、葉の柄を長く伸ばして陽当たりを確保している。こうしたささやかな工夫を重ねることで、いまではなんと「見つけ次第、即刻駆除が必要」な強害草として君臨するようになった。

イチビ *Abutilon theophrasti*

1年生　花期　6～9月

関東周辺では、郊外の荒れ地に行くと、あたり一面がイチビで覆《おお》われている場所を見かける。畑に生えると、栽培種をすっかり日陰者にしてしまうほど。

この花、実はとても可愛い。イチビはアオイの仲間であるが、アオイ科といえば大きめの花をつけるのがオーソドックスである。しかし、イチビにはなにか思うところがあるのだろう。ものすごく控えめに、小さな黄色い花をちょんちょんと咲かせて満足する。その代わりに、花期は長く、いつ見てもちょんちょんと開花。花びらには艶があり、淡いストライプ模様を浮かべるなど、なかなかのお洒落。

だいぶ前に花を終えたものは、早くも結実を迎えている。ほとんどの花はしっかりと結実まで至れるようで、現代工芸美術のような、ちょっとイカつい実をそこらじゅうに並べたてる。ここから多くの種子をぽろぽろと落とす。母親が「わたしがちゃんとひと花咲かせることができた場所だから、あなたたちもきっとここで上手くゆくはず」といわんばかり。翌年、母親の期待を背負った子どもたちが、それはちゃんと、元気よく産声をあげる。しかし一斉に発芽することは決してない。母親譲りの堅実さであろうか、時期をずらして双葉を出す。「しっかり駆除した」と思いきや、長きにわたってそれはもうちょんちょんと、地面からまろびでるかのように発芽して……嗚呼《ああ》。

まるで両手に大きな団扇を握り、腰を振りながら踊るような立ち姿。おもに繊維を採るために古い時代に導入された。現在、野生化しているのは別の経路から入ってきたものと考えられる。種子を乾燥させて砕いたものは利尿薬、ゆるやかな下剤として使われるが、根は下痢止めになるという。

〝五感〟で酔う、宵の蜜

マツヨイグサたち

〝待宵草〟や〝月見草〟。こうした風雅な名前をもらえたわけは、ふくよかで華やぎに溢れた花にある。夜の帳《とばり》が降りるころ、硬いつぼみがゆるやかにほどけ、そっと開花する。「開花するとき、ぽんっと音がする」と書物にあったので、師匠の大久保茂徳先生に聞いてみた。大久保先生はさんざん待たされ、ようやく開花に立ち会えたそうだが、「音はしなかったよ」。そして「俺には聞こえなかったけれど、ほかの人はどうか分からないよね」と笑う。いつもそう。何事も決めつけてかからない。

夜な夜な、道ばたで開花したばかりの花と出遭えたら、まずは香りを愉しんでみたい。とても甘いハチミツに、フローラルなエッセンスをほんの少し垂らしたような、なんとも芳しき香りである。この匂いと花色で、夜行性の小動物を誘っており、その広告効果は絶大。ほぼ確実に受粉を済ませ、翌朝にはくしゃくしゃくしゃっとしぼむ。

曇っている日であると、日中も花が開いている。写真を撮るにはよいが、素晴らしい香りはすっかり失せている。商売はシビアにやる性質のようだ。

この素晴らしい芳香、実は根っこにもあるという。

マツヨイグサ　*Oenothera stricta*

１年～越年生　花期　5～8月

学名の*Oenothera*は、ギリシャ語のoinos（酒）とether（獣）を合わせた語。一説によれば、その根にはワインに似た芳香があり、イノシシなどの野獣が好んでこれを掘り上げて食べる、とある。毎年、大量のマツヨイグサを抜くのであるが、あまりの忙しさに嗅ぐのをすっかり忘れてしまう。知人は「あまり香りませんでした」というが、果たしてどんなものだろうか。「マツヨイグサを大量に抜く」というのは、薬用・食用のためでは決してなく、除草のため。正確にいうと、マツヨイグサとメマツヨイグサを抜く。

マツヨイグサは、花がしぼむと赤くなる。メマツヨイグサは黄色のままで、葉っぱの中心を走る葉脈が赤く染まる。マツヨイグサもそこらじゅうにいるけれど、メマツヨイグサは比べ物にならぬほど多く、目につくもののほとんどがこちら。庭園に生えると驚くほど殖えるほか、こまめに駆除しても、大挙して波状攻撃をかけてくる。ヨーロッパでは有名な薬草で、食用にもされるが、日本で育つものは利用されない。環境や土壌がまるっきり違うためであろうか、いまのところ有効成分はさして期待できぬらしい。

マツヨイグサの仲間は、すべて帰化種。このほかにもたくさんの種族が帰化しており、その見分け方は難解。よく目立ち、観察しやすいので、まずは「音がするのか」「根っこは香るのか」と、五感を愉しませてみるのはいかがであろう。

夕暮れから開花をはじめるマツヨイグサの仲間は、月夜に美しく映える。マツヨイグサはチリとアルゼンチン原産の種族で、そっくりなメマツヨイグサは北アメリカ原産。しぼんだ花色で見分けるほか、葉の葉脈にも分かりやすい違いがある。

メマツヨイグサ　*Oenothera biennis*

マツヨイグサの主脈は白っぽいが、メマツヨイグサは赤みが差す。見分けるポイントが分かってくると、散策の愉しさが増す。

めでたい貧乏草

オニドコロなど

奇妙なことに、日本では福の神だけでなく、災難をもたらす疫病神も神様である。貧乏草と呼ばれる雑草ですら、ときに畏敬と感謝を込めて重要な祭事に用いられてきた。

オニドコロという植物は、そこらじゅうのヤブのへりでわしゃわしゃと茂るツル性の雑草で、住宅地の空き地や庭先にもひょっこりと顔を出す。多種類のアルカロイドや刺激が強いサポニン類を含む有毒種で、美味しいデンプンが豊富であるのに、獣たちも警戒して近づかぬ。人間もまた、おおかた見向きもしない。

ところが７６４年の正倉院文書では〝もっとも高価な野菜〟のひとつであった。平安時代中期の『延喜式』（９２７年完成）では、果実的野菜、薬用植物とされている。『和名類聚抄』（９３１～９３８年）では、「味は苦くほのかな甘みがあり毒はなく」とあり、蒸し焼きにして食べることができるとある。明治期以前にはしばしば栽培もされていたようである（以上『日本の野菜文化史事典』を参考）。灰汁《あく》※などを活用して毒抜きを徹底するわけだが、この始末がちょいとでも悪ければ、胃腸をただれさせ、苦悶にあえぐ。よく似たヒメドコロは有毒成分が極めて低いため、食べていたのはこちらかもしれない（私見）。

※藁《わら》や籾殻《もみがら》などを焼き、その灰と水を混ぜて、上澄みをすくった液。アルカリ性を示し、食材のアク抜きや毒抜きに広く用いられた

オニドコロ *Dioscorea tokoro*

多年生　花期　7～8月

オニドコロのトコロは野老と書く。※太った地下茎のまわりに無数のひげ根を伸ばすので〝長寿の爺《じい》さんのひげ〟に見立てた。お正月の前になると、無病息災、長寿を願う呪術として現代でも熨斗鮑《のしあわび》や昆布と一緒に歳神様に捧げられる。年間の神事は山ほどあるのに、お正月の祝賀に採用されるとはなんという破格の待遇であろうか。

ヨモギなども神事には欠かせない。京都の貴船神社には端午《たんご》の節句の由来とされる〝菖蒲神事《しょうぶしんじ》〟がある。神楽を舞う巫女さんの白い手には、男児の邪気を払うべくショウブとヨモギの葉が握られる。どちらも身近な野草である。

疫病神という神様があるのは、平凡な暮らしほど「実はとても有り難いのだ」と教え、導いてくれるからであろう。身近にいる雑草も、祖先はどこかで大事な有り難さを感じとり、そこに独特の遊び心を添え、舞いや伝承として残した。あとは、わたしたちがどのように感じ、暮らしの愉しみに取り入れてゆくか……遊び方はいろいろ。

ヨモギ（カズザキヨモギ） *Artemisia indica* var. *maximowiczii*

※オニは鬼、葉が大きいことから来ているとされる。野老は野の老人。対して、海の老人は海老（エビ）である

第4章

あなたの身近にもいる？ 寄生で奇妙で無精な面々

隠密は、よく眠る

ヤセウツボ

忍びの者はかつて〝草〟と呼ばれた。名を持たぬ〝草〟たちが、音もなくまわりの風景にまぎれ込むと、これに気づくことは不可能である。とりわけ平凡な市街や草地に姿を隠されようものならば……。

地中海からやってきたヤセウツボは、いろんな意味で草である。ヤセウツボ（痩靫）の靫《うつぼ》（靭）は、矢を入れて持ち運ぶための入れ物のこと。日本の海岸にはハマウツボが棲んでおり、ヤセウツボはそれよりずっと痩せっぽちであるためにその名がある。

若いつぼみは太めの筆先のようで、ふわふわした毛に覆われ、キノコのようにも見える。やがてすっくと立ち上がり、その茎は淡い肌色から明るいレンガ色。ここに渋い色味の花を電波塔みたいに四方八方へ突き出す。写真で見るとえらく目立つように思えるが、多くの人が「こんなの見たことがない」というように、草地にいるとまるで気がつかない。遊歩道のある河川敷、公園の道ばた、道路沿いの花壇や中央分離帯など、それはもういたるところに群れているのに、である。

実はこの〝草〟、とんでもない仕事をする。

ヤセウツボ　*Orobanche minor*

１年生　花期　5～6月

原産地である地中海沿岸地域では、家畜用の飼料や農作物に壊滅的な打撃を与えることで名を馳せている。駆除もむずかしく、ひとたびはびこると追い出すのに空恐ろしい時間と奮闘が要求され、しかもその大半が空費に終わるのだ。なぜならヤセウツボたちは、機能化された農地を、根底から転覆すべく準備しているからである。

隠密行動のメインは、長い時間を地下で過ごすことにある。ヤセウツボは寄生植物で、マメの仲間（シロツメクサ、ムラサキツメクサ、野菜類など）、キクの仲間、セリの仲間、ナスの仲間など幅広い植物をターゲットにする。標的が多いぶん、どこでも生きていける可能性が飛躍的に向上する。

土の中でターゲットの根っこを捕捉した種子は、のっそりと手を伸ばし、そっとしがみつき、水分と栄養分を心ゆくまで味わう暮らしをはじめる。4か月ほど、あるいは半年近く、この忍びの者たちは地下でまんじりと潜伏して過ごし、そのときを待つ。愛すべき栽培植物の異変にわたしたちが気づいたころにはすでに、快復が望めぬほど重篤化しているのだ。それから間もなくして……例の渋い色の花穂が立ち上がってくることになる。

とさかに来て引っこ抜く。そのまま野辺にさらしておくと、種子はちゃっかり成熟する。ひと株がこさえるその数たるや、100万個に及ぶ（A.H.Pieterse、1979年）。たいがい群れで暮らしておるので、土に眠る種子の数は目を覆うような天文学的単位。

都市部の路傍から里山まで、いたるところに隠れている。シロツメクサやムラサキツメクサがコロニーを築いている草地、河川敷でよく見られる。つぼみの姿はファンタジーな物語に登場しそうなもふもふした不思議な姿で愛らしい。とても幸運な人はキバナヤセウツボが密かに交ざっていることに気がつくだろう。

ヤセウツボとキバナヤセウツボ

キバナヤセウツボ
Orobanche minor var. *flava*

ちょっとしたコロニーが確立されれば、農地の平和を覆《くつがえ》すには十分に過ぎる。これほど暗躍しておるのに、多くの人はその名や姿を知らない。それくらいマイナーであるのは、いまのところ大問題を起こしていないからであろう。

街中の花壇、河川敷、中央分離帯など、風が強く吹き抜け、乾燥気味の場所を好む。最近、都市や郊外の〝乾燥化〟が問題となっているため、この〝草〟たちの活動がいっそう盛んになるやもしれぬ。いまのうちに名前と顔を覚えておけば、菜園や庭園の転覆を未然に防げるであろう。〝草〟はその名と姿を知られたらおしまいなのだ。

生き物の世界では、しばしばとても奇妙なシステムが構築されている。ヤセウツボの場合もそうで、その微塵のような種子は手助けなしでは発芽できない。あるいは〝獲物〟の存在を嗅ぎ分けるまで、下手に動き出さぬようにしている。自由に発芽するケースもあるが、獲物がいなければ見事に死んでしまうのである。

これから寄生されようとする植物（獲物）たちは、根っこからストリゴラクトンという物質を出す。「わたしはここにいます」という〝信号物質〟で、ほとんどの種族が4億年以上も前からせっせと分泌を続けている。ヤセウツボの忍びの種子たちは、これを合図にほくほく顔で仕事をはじめ、その魔手を根っこに伸ばし……。

植物たちにとって、ほとんど自殺行為と思われるこの所業は、もちろん、違う目的で発達してきた。

植物は、実はなにかと不器用なところがあって、そこがまた愛らしさを醸し出すのであるが、自分の根っこだけでは水や栄養分を十分に集めることができない。土の中にいる菌類や微生物など多くの労働者やパートナーの助力があって、経営がどうにか成り立っている。ストリゴラクトンなどの信号物質は、ケミカルな求人広告としてとても優秀であったため、多くの植物が独自の信号を開発し、盛んに利用するようになった。地球が植物だらけになれたのも、こうした開発努力と協力関係のお陰といえる。

これを上手いこと利用する境地にたどりついたのが、ヤセウツボなどの隠密系寄生植物。もしも獲物がそばにいない場合、種子は平気で10年ぐらいは眠って暮らす。つまり植物ではあるけれど、光合成だけは「なんとしても、やりたくありません」というところは譲らず、寄生に特化して進化した。ここまでおのれの生きざまを貫き、本当に実現させてしまうと、うっかり感心してしまう。

本種は隠密であったが、身近には〝あからさまな乗っ取り屋〟もいる。

次にご紹介するアメリカネナシカズラである。

変態たちの底知れぬ〝目論見〟

アメリカネナシカズラ

研究者の世界における〝変態〟は、一種の尊称としてよく使われる。ネナシカズラの仲間は、身近な植物世界における大変態。その名の通り、根っこがない。〝ない〟だけなら別に珍しくもない。連中は、途中で根っこを捨てる。植物としての矜持はどこへ……。

アメリカネナシカズラは、この仲間の中で、もっとも見つけやすい種族である。北アメリカを故郷とする帰化種で、全国の道ばた、雑木林、河川敷のほか畑地にも侵入する。大きな群落ともなれば、そこらじゅうにラーメンをぶちまけたような奇景となり、絡まれた植物たちの苦悶の声が、いまにも耳に届きそう。それはキツく、ぐるぐる巻きにされる。

畑や荒れ地で「向かうところ敵なし」に見えるヨモギ、セイタカアワダチソウ、ヒメムカシヨモギなどの列強が、これに絡まれると、軒なみ黄ばんでうな垂れるのだから壮絶。とはいえこうした蔓延地であっても、ほかの植物が絶えることはまったくない。消えるのはアメリカネナシカズラたちなのだ。

やや黄色がかったツルを勢いよく伸ばし、さまざまな植物に絡みつく。その様子は「縛りつける」といったほうがよいかもしれない。このツルを、ちょっとよく見てみよう。

アメリカネナシカズラ　*Cuscuta campestris*

１年生　花期　7～10月

そこらじゅうから吸盤のようなものを出している。あまりお上品とはいえぬ分厚い唇で、熱い口づけを。相手が倒れるか、自分が枯れるまでこれを続ける。やがてつぶれた大福みたいな花を無数に咲かせ、次々と結実する。この時期がもっとも目立ち、分かりやすい。間もなく数え切れぬ種子がばらまかれるため、大変なことになる。いや、なっていた。

種子なので、もちろん発芽する。はじめはノーマルな植物を気取って、根っこを伸ばして茎を立ち上げる。見た目は〝毛〟のようなもので、葉っぱをつける気はさらさらない。近くにターゲットを見つけたら、嬉々としてまとわりつく。接吻をはじめたそのときに、ようやく食事にありつけたわけで、すると間もなく自分の足元あたりをぷつりと切ってしまう。変態生活の開幕である。あとはできるだけ多くの接吻を繰り返し、もしも好みの相手ではない場合、ただの足掛かりとして利用し、空中回廊を渡り歩き、気に入る獲物を探し求めて旅に出る。「植物は移動できない」という先入観は、なかば人間側の淡い期待に過ぎない。アメリカネナシカズラの姿は動物に近いものがあるけれど、多くの植物たちは、地面の下で同じように活発に動きまわっているのだ。

巨大なコロニーになると、左右50メートルほどがアメリカネナシカズラの海となる。少し前には大害草として悪名を轟かせていたが、いまでは探してもなかなか出遭えない。

とても不思議なことに、見事な巨大群落を築いても５年と持たずに消えたりする。彼女たちが築き上げる空中回廊は大都市圏の緻密な交通網を彷彿とさせる。１年生であるためこれが半年ほどで形成されるのだから建築速度は驚異的。冬の前にはこの巨大都市が地上から消え去るところも潔し。

フィールドワーカーの間でも、「最近、見ないです」と情報が交わされ、「見つけると、うっかり嬉しくなっちゃうくらい」という風潮である。

蔓延地では大問題を起こすのだけれど、広域で姿を消している現状は、ちょっとうすら寒さを感じてしまう。

さらに稀になったのが在来種のネナシカズラである。

これも道ばたや荒れ地でよく見かけたものだが、近年、丘陵や低山など、自然環境が豊かな場所に行かぬと出遭えなくなった感がある。アメリカネナシカズラとそっくりであるが、ツルの色味がやや赤紫色を帯びることが多いほか、花の形にも違いがある。ネナシカズラの花は、縦長の円筒形。アメリカネナシカズラのそれはつぶれた楕円形になる。

ネナシカズラの仲間たちは、大発生したり、突然消えたりと、その挙動がまったく読めない。多くの寄生植物は宿主をえり好みするので絶えやすい。ネナシカズラたちはこだわりが少ないのに、なぜか消える。理由のひとつに〝休眠性〟が関係するかもしれない。この種子はよく眠る。イタリアのピサ大学で12年間保管したものが発芽したと報告されたほか、日本の国立環境研究所は「50年以上生存」とする。変態ならではの〝独特の目論見〟があるのだろうか。なにしろ変態だけに、読みづらい。

在来のネナシカズラも神出鬼没。都市部でもたまに見かけるが、郊外や里山のほうが多い。茎の表面に赤紫のまだら模様を浮かべるほか、茎全体がグレープ色に染まるのが特徴。アメリカネナシカズラの茎は淡いイエローからオレンジなので見分けることができる。

ナンバンギセル

強害草で絶滅危惧種で

ちょいとばかし、とぼけた姿を披露する。ナンバンギセルはススキにしがみついて暮らす寄生植物で、その変わった姿から南蛮（外国）の煙管《きせる》に見立てられた。発音したときの語感にインパクトがあって覚えやすいが、その強い語感と、このすっとぼけたような愛嬌のある姿はあまり繋がらない。

赤褐色の茎をしなやかに立ち上げ、桃色に染めたおちょぼ口の花をややうな垂れて咲かせる。この配色のセンスを「とても風雅」と見るか、「果てしなく地味」と見るかは意見が分かれるところ。万葉集では、ススキの下に生える〝思草《おもいぐさ》〟といった雅《みやび》やかな名で呼ばれた。

夏から秋の開花期になると、全国各地の公園で名札が立てられる名花である。鬱蒼《うっそう》と茂ったススキの株元から、ひょこひょこと桃色の鎌首をもたげる姿が印象的で、ごくたまに10花ほどが肩身を寄せ合う姿はお見事。公園なら観察しやすいが、休耕田や荒れ地のススキをのぞいてまわるのは、たいそう骨が折れる仕事となり、しかもいないことが多く、すぐに飽きる。もしも運よく見つけたら、たいてい、その周辺でわんさか見つかる傾向があるので、ぜひお試しを。

ナンバンギセル　*Aeginetia indica*

1年生　花期　7~9月

目立ちたがり屋のネナシカズラたちとは違って、自己顕示欲は少ないものの、自己実現欲は旺盛。種子をとにかく、たくさんこさえる。

結実を割ると、湿った砂場の砂みたいな微塵の種子がぎゅうぎゅうに詰め込まれ、総数は不明だが、わずか0・5グラムで2万5千個を数えるという。季節の風でこれを蒔き、領土を広げようとするも、ナンバンギセルはパートナーをえり好みするため、あまり殖えない。

熾烈な競争社会でも、必ずや大成功を収めるであろうススキなどに出遭うまで、じっと我慢するが、こうした摩天楼型エリートがいると分かるや、すぐさま籠絡《ろうらく》に向けた仕事を開始する。細い寄生用の根っこを伸ばして、ひたりとくっつくわけだが、ネナシカズラたちと大きく違うのは、植物が分泌する信号物質がなくても発芽できるところ。光が当たり、水分とミネラルが十分にあれば、ナンバンギセルの種子は産声をあげることができる（C.R. Vijayほか、2012年）。ただ、その先にススキなどがいない場合、あえなく夭折《ようせつ》してしまう。

発芽や成長の研究が世界各地で行われており、多くは防除のためであるが、中国、インド、中東では製薬原料として熱い注目を集めている。中国では全草を糖尿病、肝臓病、各種のガン治療などに利用しており、その科学的裏づけの研究が盛んに行われている。我が国の民間療法でも、全草が強壮薬、鎮痛薬、消炎薬として利用されてきた歴史を持つ。

"思草"は花色も控えめで首を垂れる。そのアンニュイな風情がとても美しいが、つぼみの立ち姿が"ひとかたならぬ思い"を抱いているようで素晴らしい。秋がやってくるたびに挨拶を交わしたくなる生き物である。

つぼみ

結実

一方で、人間はナンバンギセルが「珍しい寄生植物で、なかなか可愛い」と、さらにはなかなか殖えないことをも「謙虚でよろしい」と映るのか、多くの人がナンバンギセルを見に訪れるほか、わざわざススキの根に寄生させて愛育する方々もいる。

ミョウガ、サトウキビにも寄生することが知られ、ナンバンギセルに取りつかれた場合、栽培種の背丈が見事に低くなり、収穫量も目に見えて減る。日本はもちろんアジアの農地では大変な迷惑雑草として嫌われている。

本州の東北から中国地方にかけて、特に注視すべき絶滅危惧種とされており、柵《さく》でかこってまで保護される貴重種扱いだが、南へゆくほどその社会的地位は著しい凋落を示し、しまいには〝財産目当ての乗っ取り屋〟扱いで摘発・駆除される。広域で絶滅危惧種とされつつ、別の広い地域では迷惑雑草とされる種族は極めて珍しい。

ススキやサトウキビは、そもそも野辺にあれば聳え立つ王者であり、自分たちの土地を守り抜くことができる。これに寄り添うことで、安全で平穏な暮らしを営むというナンバンギセルたちの暮らしぶりは、生き物冥利《みょうり》に尽きるのではなかろうかと思う。

果たしてナンバンギセルがその株元でどのような〝思い〟を馳せておるのか……眺めるほどに不思議な姿から、自然世界の神妙さを味わってみる。

ナゾのリサイクル協定

ギンリョウソウ

〝人となり〟というのは実に厄介である。好意を持った人と仲よくなれば「もっと知りたい」と願い、腰のあたりがもぞもぞする。知れば知ったで「もうたくさん」。顔を見るどころか、気配がするだけで悪寒《おかん》が走るという始末の悪さ。しかし〝種族〟が違えば話も変わるものでありまして。「おかしいだろう、それは」という行為が多いほど、好感が高じるものだから不思議である。

ギンリョウソウは銀竜草と書くように、氷雪のような色彩で、うな垂れたヘビみたいな姿をした植物である。これがツツジの仲間なのだから驚く。

全国の雑木林や低山などでちょいちょい見かける種族であるが、落ち葉の合間に隠れていることが多い。勘がよい植物屋が落ち葉のこんもり具合に目を留めて、ぱぱっと優しく払えば、やあ。池沼の近くにいる連中は、ピンクがほんのり差したりして美しい。こちらはなかなかお目にかかれない珍品である。

茎に白いウロコのような装飾をあしらっておるが、これが葉である。植物の紹介で「これが葉である」と書かねばならぬのも奇妙な話であるが、すべてが奇天烈《きてれつ》なのである。

ギンリョウソウ　*Monotropastrum humile*

多年生　花期　5～8月

そんな茎の上に、竜の頭となる花穂をのせ、その先端に、唯一、カラフルな色彩がのぞく。オレンジがかった黄色い葯が輪になって立ち上がり、その中心に血の気を失った青い輪が配置される。

この花にマルハナバチなどがやってきて、受粉を助けるのだといわれるが、ただの一度も見たことがない。むしろこの植物のまわりはいつも驚くほど音や気配がなく、森閑《しんかん》としている。そこがたまらない。

ギンリョウソウは必要な栄養素を自らこさえることができず、ベニタケ属というキノコの菌糸から、必要な栄養の多くを吸収している。こうした植物を、菌従属栄養植物※という。ギンリョウソウはベニタケの上前をハネる一方だと思われてきた。

それが近年、「ギンリョウソウも、ベニタケたちが生きやすい環境を作り出している可能性がある」という報告もあり、この両者、思いのほか上手くやっているようなのである。熊本大学の杉浦直人准教授は、さらに驚くべき発見を報告する。「ギンリョウソウは、どうやって殖えるのか?」

マルハナバチによる受粉がなされた結果、ずんぐりとした〝目玉のオヤジ〟みたいな結実を迎える。ギンリョウソウは雑木林のあちこちで見つかるため、「連中、この種子をどうやってばらまいているのだろうね」と、研究者たちは首を傾げておったそうである。

※土に棲む“菌類”に生活のほとんどを頼る（寄生する）植物を、菌従属栄養植物という。かつて腐生植物と呼ばれた種族たちのこと。菌従属栄養植物のほうが、その生活の実態をより明確に表現した用語で、近年よく使われる。対して、自活できる植物は独立栄養植物という

草とキノコとの“中層的な存在”。ギンリョウソウは、わたしたちの目に別格として映る。結実の姿もひときわユニークで、つまりどの時期に鑑賞しても見応えがある雑木林の逸品である。池沼のまわりではごく稀に桃色がかった個体が顔を出す。

結実

杉浦氏が定点カメラを設置して観察したところ、いくつかの生き物がやってきたが、特に足しげく通勤しているものがあった。ゴキブリである。ゴキブリといっても、あの、家の中に図々しくも土足で入り込む連中ではなく、豊かな自然界での暮らしを愛するモリチャバネゴキブリであった。モリチャバネたちのフンを調査すると、平均3個のギンリョウソウの種子が見つかる。よほどお気に入りのご様子で。

さて、ベニタケとモリチャバネたちは、世間からもう少し評価されてよい生き物である。あなたが健やかに森林浴を満喫できるのは、これらリサイクル業者のお陰。このあまり見栄えがしない凄腕の仕事人たちが姿を消したら、森は、あなたの抜け毛、鳥の羽毛、動物や昆虫のご遺体に埋め尽くされ、森林浴どころか阿鼻叫喚《あびきょうかん》の地獄絵図を味わうことになる。ギンリョウソウは、この凄腕リサイクル業者たちと手を組んで、森の環境と平和を守っていることになろうか。なにしろリサイクル業者たちが好んで寄り添うほどだから、きっとなにか、見た目では想像もつかぬ〝あの手この手〟が……。

「そうであってほしい」と美談を望むときはたいてい、なにもない。人間社会でも、なんとなく気ままに生きているのに、なぜか魅力たっぷりな人がいるように、おそらくギンリョウソウも、〝あの手この手〟というよりも、特にいつも一緒に過ごしているベニタケにとっては、ただなんとなく、居心地がいいからであるような……。好奇心と興味は尽きることがない。

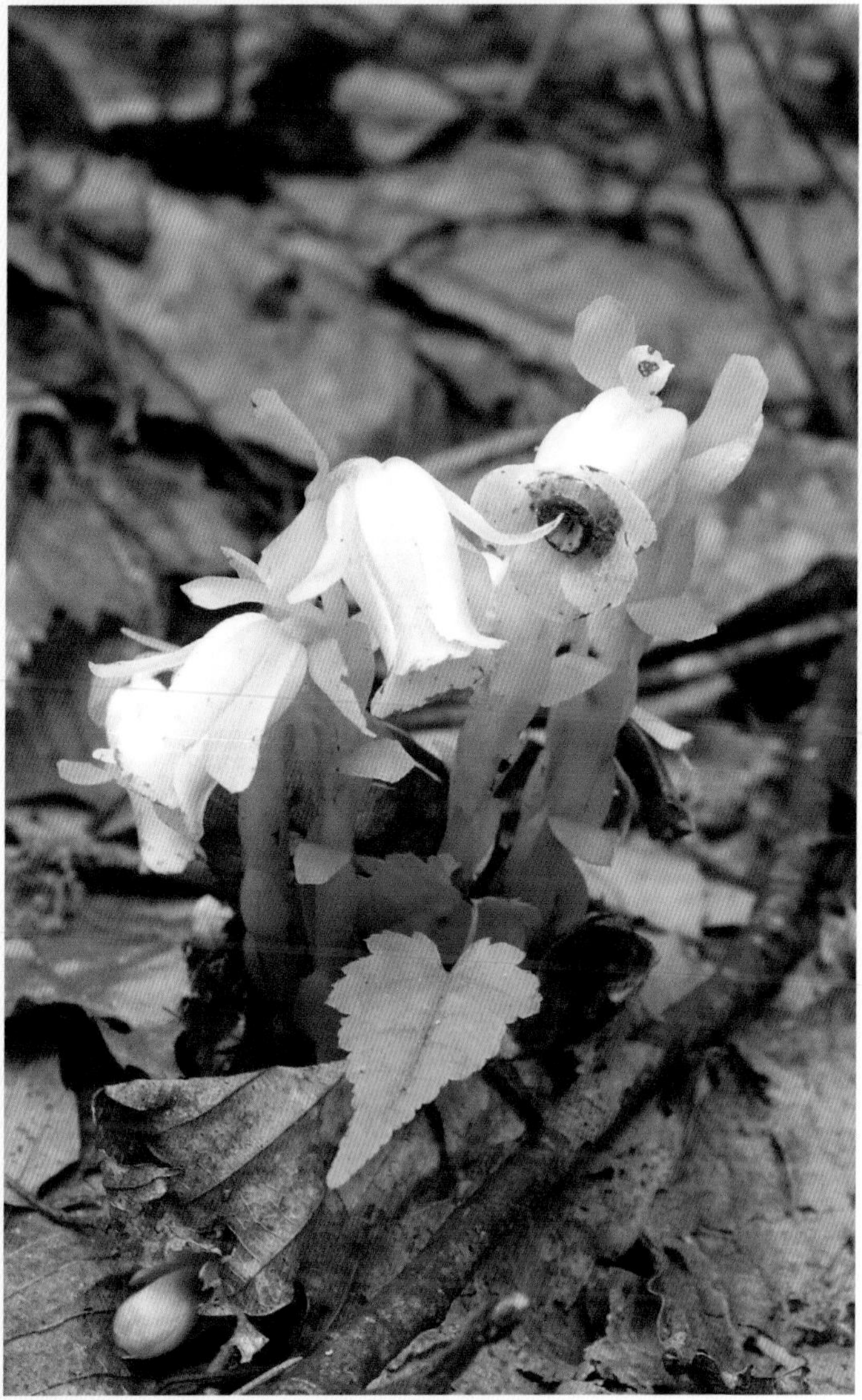

大好物は「マツタケですの」　シャクジョウソウ

生き物の恋愛観、あるいは共生関係のナゾについて、科学的な証明はひどくむずかしい。もっとも身近な人間の恋愛や結婚生活を思い起こしても、合理性や一般性などとはほど遠く、これを科学的に証明できたという者が出現したら「証明されたのは、あなたが間違えているということだ」とするのが合理的である。この分野の研究は、しかしながら興味が尽きないのも事実で、わたしたち以外の生き物における営みも、不思議なアンニュイさに溢れておもしろい。

さて、ギンリョウソウがいささか間延びした感じのものをシャクジョウソウ（錫杖草）という。やはり雑木林や丘陵、山地の林内などで見られるもので、出遭いの機会はギンリョウソウよりずっと少ない。全草はくすんだ白から肌色がかっており、背筋も正しくすっくと立ち上がる。たいていは群れとなり、林立しているので見つけやすい。全国29都府県で絶滅危惧種とされるものの、ちょっとした公園の道ばたなどにひょっこりと生えている。本種も「光合成？やだ、めんどうくさい」といった様子で、その暮らしのほとんどをキノコに頼っている。パートナーの名前をキシメジ属という。

シャクジョウソウ　*Hypopitys monotropa*

多年生　花期　5~8月

シャクジョウソウとギンリョウソウ（前項）は、その姿といい人生哲学といい暮らしの環境まで同じくするのに、まるで違うパートナーを選ぶようになった。近年の研究では、育つ場所によって最適なパートナーを変えている節があると示唆されている。

シャクジョウソウの場合、〝キシメジ属〟と固いパートナーシップを結ぶ。この属には18種類ほどが知られ、マツタケなどもこのグループにおるが、シャクジョウソウたちは芽生えた場所における多くの〝キシメジ属の顔〟を見分け、気に入ったものと同棲関係を結ぶようだ、と考えられている。とりわけマツタケが大好物で、好んで寄生する。そのため、マツタケの産地では丁寧に駆除されるようになった。前項のギンリョウソウも、やはり育つ場所によって同棲者を変えている節があるという。

すると彼女らの〝好み〟や〝基準〟が気になるわけであるが、最先端科学は、この同棲関係の甘い実態について、克明に語ることができない。わたしたちの〝学問的な制約がない妄想力〟だけが突破する可能性を秘める領域、といえるかもしれない。

さて、好みの異性と、実際に結婚する異性は「まるで違う」という話もよく聞くところ。それが「まるで違った」お陰で、日々の暮らしを愉しめている人も多い。ほかの生き物世界でも同じようなことが起きないだろうか。親密に共生する者たちも、本来は別の者との結びつきを望んでいたが、なにかの行き違いで「仕方がなく、いまがある」。

シャクジョウソウのお住まいは雑木林の縁や林床。ササの合間などからひょいひょいと生える。遠目で見る色彩は地味だが、林立するのでよく目立ち、近くに寄ればクリームがかったピンク色の花茎が大変優雅。ひとつの茎にたくさんの花を飾り立てるのが大きな特徴となる。大好物はマツタケ。

しかしやってみたら「思いのほか快適だわ」と親密さを増してゆくわけであるが……ここからが本題で、「好みと違ったお陰で、やっぱり大変」という例は枚挙に暇《いとま》がない。仕方なく共生を続けているけれど、奪われる一方で「もううんざり」という暮らしもある。ランの仲間と一緒に暮らすラン菌や、マメの仲間と暮らす菌根菌などがそれで、役に立たぬと断罪されるや〝消化〟される。剣呑剣呑《けんのんけんのん》。

さて、野山に秋風が遊ぶ時節になると、「おや?」と思う顔が出てくる。9月から10月にかけて、丘陵や山地の道ばたで、ギンリョウソウとそっくりなものが顔を出す。けれどもギンリョウソウの花期は5〜8月。

やがてすっくと立ち上がり、結実をひとつ、ぽてんとのせる。すると今度は「シャクジョウソウかな?」と思うほどよく似ているのだが、シャクジョウソウの花期も5〜8月で、しかもジャクジョウはひと茎に複数の花をつける。

これをギンリョウソウモドキ(別名アキノギンリョウソウ)という。ごく稀にしか出遭えぬため、秋の散策で挨拶が叶った人は幸運である。全国9都府県で絶滅危惧種。

ギンリョウソウモドキ　*Monotropa uniflora*

ギンリョウソウモドキは各地で見つかる。写真（上）のようにすっかり景色に溶け込んでしまい、よほどの眼力と幸運に恵まれないと出遭うことができない。開花したころはギンリョウソウとそっくりで、背丈も低く白銀色に輝く。写真のものは結実期を迎え、シャクジョウソウとよく似るが、本種はひと茎に１花しかつけない。

森を〝自分の葉っぱ〟にする才智　イチヤクソウ

「わたしなら、もっと上手いことやるだろう」

これまで植物たちの〝あの手この手〟をご紹介してきたが、そう思う向きもあるだろう。もしも、みなさんの創意工夫を植物に教えられるとしたら、さらに技芸に富んだ暮らしぶりが見られるかもしれない。ところが、人が考えつくテクニックの多くは、自然界でテスト済みである。イチヤクソウたちが、それを如実に体現しているのだ。

一薬草と書くように、むかしから薬効が高いと評判の薬草である。おもに強心、止血、鎮痛、消炎作用が知られてきたが、気軽に摘めるほど見つかるものではない。各地の丘陵や山地にゆけば、林道の道ばたなどでお目にかかる。ただ、なにしろ小さくて目立たぬうえに、一般の図鑑で紹介されても記憶に焼きつくほどのインパクトがないため、たいてい見逃している。にわかには信じがたいであろうが、ギンリョウソウやシャクジョウソウと血縁が近い。実はこの両者、少し前の分類ではイチヤクソウ科に所属していた。似ても似つかぬものが近縁というのが分類学のおもしろいところで、ついでにひどく毛嫌いされる部分でもある。

イチヤクソウ *Pyrola japonica*

多年生　花期　6～7月

ギンリョウソウたちの姿は、それはもうインパクトが強烈で、記憶に刻まれやすい。その親戚であったイチヤクソウがひどく地味に見えてしまう原因は、〝ふつうの植物っぽい〟ところにある。

本章で紹介してきた種族と明らかに違うのは〝葉〟を持つこと。イチヤクソウたちは〝光合成をたしなむ菌従属栄養植物〟である。葉っぱを数枚ぽっち、地面の上になんとなく広げて過ごしておるので、よほど目が慣れていないと気がつくものではないが、何度か見ると、その独特な色彩と形が目に焼きついて、さまざまな植物が茂った林床でも、ぱっと見つけられるようになる。

さて、お住まいが林内であるため、根を下ろした場所がいつも陽ざしに恵まれるかといえばそうでもない。コナラ、クヌギといった広葉樹の下にいれば、年間を通して陽当たりは微妙なものとなり、こうした環境に適応できない種族は足早に消え去る。つまり「競争相手が淘汰され、限られる」ようになるのだ。それはそれでよさそうに見えるが、光合成がままならぬのでは餓《う》えてしまう。そこでイチヤクソウたちは、ご近所に群れて棲むベニタケ属の菌糸に目をつけた。

ギンリョウソウと同じ発想のように見えるが、近年の研究で分かったのは、とんでもなく複雑な共生システムを、イチヤクソウたちが〝運営〟している姿であった。

ハイキングやキャンプで丘陵や山地に出かけると出遭うことができる。道ばたや林床に点在するため、花が咲いていてもなかなか目につかない。アールデコ調のランプシェードのようでとても可愛らしい。なお、旅行先が亜高山である場合はベニバナイチヤクソウ（写真下段・右）と挨拶を交わしてみたい。とても小柄ながら色彩は華やかで花数も多い美麗種。

イチヤクソウの花。

ベニバナイチヤクソウ
Pyrola asarifolia subsp. *incarnata*

イチヤクソウの根っこは、ベニタケ属の菌糸と手を結ぶ。どの菌糸でもよいかというと、決してそうではない。コナラやクヌギの野太い根っこに棲みついている菌糸と手を結ぼうと努力するのだ。

するとコナラ・ベニタケ属・イチヤクソウの三者同盟が確立されるが、コナラにとっては想定外の出来事で、知らぬ間に〝株主〟が増えているという始末である。

イチヤクソウは、「今日はどうにも陽当たりが悪いわね」と空腹にあえいだら、速やかにベニタケ属から栄養を吸い上げてゆく。困ったベニタケ属は、大企業のコナラから必要なものを譲り受けることでその場を凌ぐことになる。

曇天でも雨天であっても、イチヤクソウはベニタケ属を介する物流システムによって安楽な暮らしを満喫できるわけだが、これはとどのつまり、自分の遥か頭上に聳え立つ森林そのものを自分の葉っぱにしたようなもの。とんでもない発想と芸当である。

十分に過ぎるほど豊富な資源（栄養）を手に入れたことで、いよいよその事業を盛大に拡張しようとは、イチヤクソウたちは考えなかった。老舗《しにせ》の和菓子屋さんがごとく、文字通りに地元に根づき、虚栄や栄達を求めることがない。その代わりに、自分の体を強壮にすることに傾注し、あらゆる特殊成分の生産と開発に邁進《まいしん》することで、あまたのウイルスや微生物の攻撃から身を守ることができるようになったのだ。いやはや。

こうした生態が、あまりにも奇妙でおもしろいため、さまざまな研究が行われてきた。

季節によって、ネットワークの接続量を変えることがある（松田陽介ほか、２００９年）。栄養を多く必要とする時期（成長期や花期など）には、菌糸と盛んに手を結ぶ。一方、光合成などによって自力で暮らしが成り立つ時期は、この接続を次々と切ってしまう。菌類の負担は減るであろうが、ある意味ストイックな経営態度。共生菌類に利益（余剰の栄養分）を還元することにはいささか消極的なご様子である。

手を結ぶ菌類も、ベニタケ属だけではなく、ごくわずかながらも別の菌をとっ捕まえていることも分かってきた（同、２０１３年）。

ひとつの株には、おそらく多数の共生菌を抱え、独特なネットワークの中で栄養のやり取りをしているように思われる。共生している菌糸たちも「意外とまんざらでもありません」といった、イチヤクソウからの恩恵（たとえば化学成分）もありそうな気配である。

どう見ても小さな葉っぱをぺろんと出しただけの、実に凡庸《ぼんよう》な植物にしか見えぬが、その発想力、その実行力たるや、規格外。

〝甘え上手〟の甘美な暮らし

セイヨウヒキヨモギ

これまでの植物たちは「どう見ても、ふつうじゃない」という顔ぶれであった。ここからは「ふつうに見えるおかしな住人」をご紹介したい。

セイヨウヒキヨモギは、地中海沿岸からやってきた帰化種で、都会派の寄生植物。開発地の空き地、道ばた、歩道の植え込みなどに棲んでおり、一見すると〝逃亡中の園芸植物〟かと思う。なにしろ葉っぱを広げて日向ぼっこを愉しんでおり、花も非常に愛らしく、いかがわしい寄生生活を送っているようにはとても見えない。

引蓬《ひきよもぎ》という名は、葉の姿がヨモギに似ており、「引く」についての由来は定かではない。ヨモギ類に根を伸ばして寄生し、栄養を引っ張るためかもしれない（私見）。

とりわけおもしろいのが、その〝香り〟である。

指先で、その葉や茎に触れてみると、そりゃあもうべったべた。全身に細かい毛をまとっているが、分泌腺を持つ腺毛となっている。ネバついた指先を、おもむろに鼻先に向ければ、おや？　悪くない。

東南アジアの〝甘いお香〟のような、ちょっとクセになる香りがとてもよい。

セイヨウヒキヨモギ *Parentucellia viscosa*

１年生　花期　5～6月

さまざまな分野で活躍する人は、どこかで「誰かに甘えたい」という願望を抱く。普段から凛と立つ人は、これがなかなかむずかしいようで、そんなパートナーと出遭えたとしても、要領がよく分からず、ついべたべたし過ぎて失敗したりする。

そんな人々にとって、セイヨウヒキヨモギの生きざまは、実に羨ましく映るだろう。本種は自立した暮らしを十分に営むことができる一方、近くにいる、健康そうな相手を見つけたらば、片っ端から頼ろうと、根っこをべたべたと寄り添わせる。これを半寄生という。「ねえ、あなたが作ったの、ちょっとちょうだい」だの「お腹がすいちゃった」だの、目も当てられぬほどのべったべた。

これまで見てきた寄生植物は、パートナーとなる者が限られていた。一方、セイヨウヒキヨモギは、イネ科、キク科、マメ科、オオバコ科など、少なく見積もっても11科23種に寄生できる（K.Suetsugu ほか、２０１２年）。寄生世界の限界を突破できた、珍しい生き物である。

するとなにが起きるかといえば、写真のような光景がこの世に出現する。甘えることができる相手は、そこらじゅうにいる道草ばかり。あっという間に拡大する。

栽培試験をしてみたが、意外な結果に驚いた。発芽しないのだ。とんだ甘えん坊かと思いきや、繊細なところもあるようで。寄生生物と付き合うたびに、この世の中、いろんな生き方ができるのだなあと、つくづく勉強になる。

多くの道草に寄り添うことができるため、あらゆる場所に適応する。いまのところ発生は局所的だが、耕作地では要注意。早めの発見と除草が欠かせない。葉の姿も実に格好がよく、開花期には色気づいてシックな暗紫色に変わるところも心憎い。花もぽってりとして愛らしく、花数も多いので見応えがある。

【参考文献】

清水建美/編『日本の帰化植物』(平凡社、2003年)
森田竜義/編著『帰化植物の自然史——侵略と攪乱の生態学』(北海道大学出版会、2012年)
平野隆久/写真、畔上能力/解説、林 弥栄/初版監修、門田裕一/改訂版監修ほか『増補改訂新版 野に咲く花』(山と渓谷社、2013年)
門田裕一/改訂版監修、永田芳男/写真、畔上能力/編・解説『増補改訂新版 山に咲く花』(山と渓谷社、2013年)
いがりまさし/著『増補改訂 日本のスミレ』(山と渓谷社、2004年)
岡田 稔/監修『新訂原色 牧野和漢薬草大図鑑』(北隆館、2002年)
青葉 高/著『日本の野菜文化史事典』(八坂書房、2013年)
アリス・M・コーツ/著『花の西洋史事典』(八坂書房、2008年)
森 昭彦/著『帰化&外来植物 見分け方マニュアル950種』(秀和システム、2020年)
神奈川県植物誌調査会/編『神奈川県植物誌2018』(神奈川県植物誌調査会、2018年)
環境省「我が国の生態系等に被害を及ぼすおそれのある外来種リスト」(2015年)
ほか多数

【参考・引用論文】

A.Aksoy, W.H.G. Hale, J.M.Dixon "Towards a simplified taxonomy of *Capsella bursa-pastoris* (L.) Medik. (Brassicaceae) "(*Watsonia* 22巻、pp.243-250、1999年)
Chellopil Raman Vijay, Mallegowdanakoppalu Channappa Thriveni, Gyarahally Rangappa Shivamurthy "Effect of Growth Regulators on Seed Germination and Its Significance in the Management of *Aeginetia indica* L.— A Root Holoparasite"(*American Journal of Plant Sciences* 3巻10号、pp.1490-1494、2012年)
Guido Flamini, Pier Luigi Cioni, Ivano Morelli "Composition of the essential oils and in vivo emission of volatiles of four Lamium species from Italy: *L. purpureum, L. hybridum, L. bifidum* and *L. amplexicaule*(*Food Chemistry* 91巻1号、pp.63-68、2005年)
Hyun Il Kim, Xiaonan Xie, Han Sung Kim, Jae Chul Chun, Kaori Yoneyama, Takahito Nomura, Yasutomo Takeuchi, Koichi Yoneyama "Structure-activity relationship of naturally occurring strigolactones in *Orobanche minor* seed germination stimulation"(*Journal of Pesticide Science* 35巻3号、pp.344-347、2010年)
Kenji Suetsugu, Yuko Takeuchi, Kazuyoshi Futai, Makoto Kato "Host selectivity, haustorial anatomy and impact of the invasive parasite *Parentucellia viscosa* on floodplain vegetative communities in Japan"(*Botanical Journal of the Linnean Society* 170巻1号、pp.69-78、2012年)
Tsuyoshi Kobayashi, Yoshimichi Hori "Trampling of *Poa annua* L. Increases the Tensile Strength of Aerial Organs",(*Grassland Science* 45巻1号、pp.95-97、1999年)
雨宮正哲、岩瀬剛二「日本在来ツメクサ属2種の形態学的特性解析」(『帝京科学大学紀要』14巻、pp.33-40、2018年)
浅井元朗「農耕地への外来雑草の侵入・拡散」(『雑草研究』58巻2号、pp.78-84、2013年)
浅井康宏「ハルジョオンの変異品について」(『植物研究雑誌』47巻5号、pp.159-160、1972年)
安島美穂「埋土種子集団への外来種種子の蓄積」(『保全生態学研究』6巻2号、pp.155-177、2001年)
植村修二「帰化植物とつきあうにはなにが大事なのか」(『雑草研究』57巻2号、pp.36-45、2012年)
大西近江「栽培ソバの野生祖先種を求めて—栽培ソバは中国西南部三江地域で起原した—」(『ヒマラヤ学誌』19号、pp.106-114、2018年)
岡崎麻衣子「スズメノカタビラの繁殖特性と芝地環境への適応性」(2016年)
加賀悠樹、柴田航希、鳴川秀樹、横山 隆亮、西谷 和彦「茎寄生植物ネナシカズラの寄生戦略--茎寄生研究用のモデル植物を目指す」(『生物の科学 遺伝』70巻4号、pp.284-288、2016年)
笠原安夫「日本における作物と雑草の系譜(1)」(『雑草研究』21巻1号、pp.1-5、1976年)
黒川俊二「農耕地における外来雑草問題と対策」(『雑草研究』62巻2号、pp.36-47、2017年)
篠原義典、市野隆雄「長野県松本市におけるヒルガオとコヒルガオの雑種(アイノコヒルガオ)の分布と非対称的な交雑」(『雑草研究』63巻2号、pp.15-22、2018年)
清水矩宏「最近の外来雑草の侵入・拡散の実態と防止対策」(『日本生態学会誌』48巻1号、pp.79-85、1998年)
舘野 淳、今泉誠子、藤森 嶺「日本のスズメノカタビラ(*Poa annua* L.)の分類と防除」(『芝草研究』28巻2号、pp.35-45、2000年)
沼田真「植物群落と他感作用」(『化学と生物』15巻7号、pp.412-418、1977年)
根本正之、大塚俊之「農耕地周辺に自生する小型植物の被覆による雑草抑制効果」(『雑草研究』43巻1号、pp.26-34、1998年)
森田茂紀「植物の根に関する研究の課題」(『日本作物学会紀事』68巻4号、pp.453-462、1999年)
独立行政法人農業・食品産業技術総合研究機構中央農業総合研究センター「外来難防除雑草の防除技術」(2013年)
山口裕文ほか「雑草生物学概説」(『雑草研究』36巻1号、pp.1-7、1991年)
ほか多数

索引

文と写真　森 昭彦（もり・あきひこ）
1969年生まれ。サイエンス・ジャーナリスト、ガーデナー、自然写真家。おもに関東圏を活動拠点に、植物と動物のユニークな相関性について実地調査・研究・執筆を手がける。著書に、『身近な雑草のふしぎ』『身近な野の花のふしぎ』『うまい雑草、ヤバイ野草』『イモムシのふしぎ』『身近にある毒植物たち』『身近な野菜の奇妙な話』（いずれもSBクリエイティブ）、『帰化＆外来植物見分け方マニュアル950種』（秀和システム）などがある。

本文デザイン　笹沢記良（クニメディア）
校正　曽根信寿、秋山 勝
編集　田上理香子（SBクリエイティブ）

身近《みぢか》な雑草《ざっそう》たちの奇跡《きせき》

道《みち》ばた、空《あ》き地《ち》、花壇《かだん》の隅《すみ》……気《き》づけばそこにいる植物《しょくぶつ》の生態《せいたい》

2021年3月28日　初版第1刷発行

著　者　森 昭彦
発行者　小川 淳
発行所　SBクリエイティブ株式会社
〒106-0032　東京都港区六本木2-4-5
営業03（5549）1201
印刷・製本　株式会社シナノ パブリッシング プレス

本書をお読みになったご意見・ご感想を下記URL、右記QRコードよりお寄せください。
https://isbn2.sbcr.jp/06169/

乱丁・落丁本が万が一ございましたら、小社営業部まで着払いにてご送付ください。送料小社負担にてお取り替えいたします。本書の内容の一部あるいは全部を無断で複写（コピー）することは、かたくお断りいたします。本書の内容に関するご質問などは、小社ビジュアル書籍編集部まで必ず書面にてご連絡いただきますようお願いいたします。

ISBN 978-4-8156-0616-9

SB Creative